高等学校"十三五"规划教材

有机化学实验

（第 2 版）

主 编 李 红 朱文庆 杨敏鸽

U0333084

西北工业大学出版社

西安

【内容简介】 本书内容共包括5章,其中第1章是绪论,包含了学生实验守则、安全知识、有机化学实验仪器反应装置的介绍等;第2章包含了有机化合物的熔点、沸点等物理常数的测定;第3章是合成实验,以经典的和有代表性的有机化学反应类型为主线,在加强合成实验训练、强化分离和纯化操作的指导思想下选编了21个实验,大部分实验都将反应、合成、分离、提纯等环节串联成一体;第4章包含了4个有机化合物设计性、综合性实验;第5章包含了3个有机化学性质实验。

本书可作为高等院校应用化学、生物工程、轻化工程、高分子材料、给排水、环境工程以及环境科学等专业有机化学实验课程的教材,也可供工科、师范类院校相关课程教学选用或参考。

图书在版编目(CIP)数据

有机化学实验/李红,朱文庆,杨敏鸽,主编 . —2版.
—西安:西北工业大学出版社,2019.3
ISBN 978 - 7 - 5612 - 5753 - 1

Ⅰ.①有… Ⅱ.①李… ②朱… ③杨 Ⅲ.①有机
化学—化学实验—高等学校—教材 Ⅳ.①O62 - 33

中国版本图书馆 CIP 数据核字(2017)第 315713 号

YOUJI HUAXUE SHIYAN

有 机 化 学 实 验

责任编辑:张珊珊		策划编辑:雷 军	
责任校对:万灵芝		装帧设计:董晓伟	

出版发行:西北工业大学出版社

通信地址:西安市友谊西路 127 号   邮编:710072

电 话:(029)88491757,88493844

网 址:www.nwpup.com

印 刷 者:北京虎彩文化传播有限公司

开 本:787 mm×1 092 mm   1/16

印 张:10

字 数:248 千字

版 次:2011 年 8 月第 1 版 2019 年 3 月第 2 版 2019 年 3 月第 1 次印刷

定 价:38.50 元

第 1 版序言

有机化学实验是一门重要的基础实验课程。有机化学实验要求学生掌握有机化学研究的基本方法和基本实验操作技能,通过实验加深理解有机化学的基本理论和基本知识,培养分析问题和解决问题的能力,培养实事求是的科学作风和严谨踏实的科学态度,为后期专业课程学习、专业实践以及未来工作奠定基础。

根据对有机化学实验的基本要求,总结了多年来有机化学实验课教学实践和改革的经验,吸收其他有机化学实验教材中的优秀内容,我们编写了本书。本书内容包括有机化学实验的一般知识、有机化学实验基本操作和实验技术、有机化合物的制备以及有机化合物的性质实验。书后附录中列出了常用试剂的物理常数和常用有机溶剂的纯化方法。

本书由西安工程大学从事有机化学教学的部分教师合作编撰而成。参加编写的人员如下:李红(第 1 章、第 2 章);朱文庆(第 3 章、第 5 章);杨敏鸽(第 4 章)。全书由朱文庆、李红统稿,张林梅、徐满和等参与了校对工作,陕西师范大学张尊听审阅了全稿。

由于水平有限和编写时间仓促,书中错误、遗漏和不妥之处在所难免,期望读者不吝指正,深表感谢。

编　者
2011 年 3 月

再版说明

    随着社会对学生要求的提高,为了使学生能够进一步在科研工作中有较好表现,本书在2011年第1版的基础上增加了常见有机化合物的表征手段、综合性实验、创新性实验及危险化学品试剂的使用和保存等内容,以便开拓学生创新性研究项目的思路,使学生在进行毕业设计时能合理安排实验时间、进程,最终完成毕业设计。

    实验课的教学不仅是为了培养学生的基本技能、基本操作,更是对理论课的补充及提高学生学习兴趣的重要途径。目前国家在加大力度鼓励培养创新应用型人才,这是发展的大势所趋,因此在基础实验及普通实验的基础上,增加创新应用型实验,鼓励学生进行创新型实验的设计。由于创新应用型实验比普通实验应用性更强,打破了传统有机化学实验的枯燥乏味,以此提高学生的创新兴趣。

编　者

2018 年 7 月

目　　录

第1章　绪论 ··· 1

　　1.1　实验室的一般注意事项 ·· 1

　　1.2　有机化学实验的安全知识 ··· 1

　　1.3　有机化学实验常用的仪器和应用范围 ··· 4

　　1.4　化学试剂的取用与转移 ·· 6

　　1.5　有机化学实验常用典型反应装置 ··· 7

　　1.6　加热和冷却 ··· 10

　　1.7　常用仪器的洗涤和保养 ·· 12

　　1.8　有机化学实验预习、记录和实验报告 ··· 14

　　1.9　有机化学文献简介 ·· 17

第2章　有机化学实验的基本操作 ··· 22

　　2.1　塞子钻孔和简单的玻璃加工操作 ··· 22

　　2.2　有机化合物的分离和提纯 ··· 25

　　2.3　有机化合物物理常数的测定 ··· 46

　　2.4　有机化合物结构鉴别的波谱方法 ··· 55

第3章　有机化学制备实验 ·· 63

　　3.1　溴乙烷的制备 ··· 63

　　3.2　正溴丁烷的制备 ··· 65

　　3.3　正丁醚的制备 ··· 68

　　3.4　三苯甲醇的制备 ··· 70

　　3.5　乙酸乙酯的制备 ··· 73

　　3.6　乙酸正丁酯的制备 ·· 75

　　3.7　苯甲酸乙酯的制备 ·· 77

　　3.8　己二酸的制备 ··· 80

　　3.9　苯甲酸和苯甲醇的制备 ·· 82

　　3.10　环己酮的制备 ··· 87

　　3.11　环己酮肟的制备 ·· 90

　　3.12　己内酰胺的制备 ·· 92

　　3.13　苯亚甲基苯乙酮的制备 ··· 95

3.14 甲基橙的制备 ……………………………………………………… 98

3.15 8-羟基喹啉的制备 ………………………………………………… 101

3.16 安息香的制备 ……………………………………………………… 104

3.17 阿司匹林的制备 …………………………………………………… 106

3.18 有机玻璃的制备 …………………………………………………… 108

3.19 酚醛树脂的制备 …………………………………………………… 110

3.20 从茶叶中提取咖啡因 ……………………………………………… 113

3.21 从黄连中提取黄连素 ……………………………………………… 116

第4章 有机化合物设计性、综合性实验 …………………………………… 119

4.1 染料中间体——对硝基苯胺的制备 …………………………… 119

4.2 香豆酮的制备 ……………………………………………………… 120

4.3 从黑胡椒中提取胡椒碱 …………………………………………… 122

4.4 对氨基苯磺酰胺的合成 …………………………………………… 124

第5章 有机化合物的性质 …………………………………………………… 129

5.1 卤代烃的性质与鉴定 ……………………………………………… 129

5.2 醇和酚的性质 ……………………………………………………… 130

5.3 醛、酮的性质和鉴定 ……………………………………………… 133

附录 ………………………………………………………………………………… 137

参考文献 ………………………………………………………………………… 151

第 1 章　绪　　论

1.1　实验室的一般注意事项

(1)必须遵守实验室的各项制度,听从教师的指导,尊重实验室工作人员的职权。

(2)应经常保持实验室的整洁。在整个实验过程中,应保持桌面和仪器的整洁,应使水槽保持干净,任何固体物质不能投入水槽中。废纸和废屑应投入垃圾箱内,废酸和废碱液应小心地倒入废液缸内。

(3)对公用仪器和工具要加以爱护,应在指定地点使用并保持整洁。对公用药品不能任意挪动。要保持药品架的整洁。实验时,应爱护仪器和节约药品。取完药品及时盖上瓶盖。

(4)实验过程中,非经教师许可,不得擅自离开。

(5)实验完毕离开实验室时,应把桌上的水门、电门和煤气开关关闭。

1.2　有机化学实验的安全知识

1.2.1　有机化学实验的特点

(1)所用药品一般易燃、易爆、有毒,如使用不当,可能发生着火、烧伤、爆炸、中毒等事故。

(2)所用仪器多为玻璃仪器,且仪器装置复杂,如不注意,不但会损坏仪器,还会造成割伤,因此,进行有机化学实验时,必须注意安全。

1.2.2　实验室安全守则

为了确保有机化学实验安全、正常地进行,学生必须遵守下述实验室安全守则。

(1)实验开始前,应仔细检查仪器是否完整无损,严格按照操作规程安装好实验装置,经老师检查合格后方可进行实验。

(2)实验进行时,不得随意离开,要时刻注意反应进行情况,有无漏气、堵塞,反应是否平稳进行,仪器有无破裂等。

(3)严禁在实验室喝水、吃东西,实验结束后要仔细洗手。

(4)使用电器时,不能用湿手动插头、电源开关。实验结束后要先切断电源,再拆卸装置。

(5)对可能发生危险的实验,要采取必要的安全防护措施。

1.2.3　实验室意外事故的预防及处理

1. 火灾的预防及处理

(1)火灾的预防。

1)不能用敞口容器放置和加热易燃、易挥发的化学试剂,如需加热,必须使用装有球形冷凝管的装置,不能用明火直接进行加热。

2)加热速度不能太快,以防局部过热。

3)处理大量易燃溶剂时,应远离明火,注意室内通风,及时将蒸汽排出。

4)蒸馏低沸点易燃液体时,瓶内液体的量不能超过瓶容积的1/2,蒸馏装置不能漏气,如发现漏气,应立即停止加热,检查原因。

5)实验室不得存放大量易燃、易挥发物质。

6)易燃、易挥发的废品不得倒入废液缸和垃圾桶中,应专门回收处理。

(2)火灾的处理。有机化合物着火时通常采用隔绝空气的方法灭火,一般不能用水灭火。应根据起火原因、火势大小采取相应的措施。

1)小口容器内有机化合物着火时,用石棉布或湿抹布盖住瓶口,火即熄灭,注意不可用嘴吹。

2)洒在地面或桌面上的有机溶剂着火时,若火势不大,用湿抹布或沙子盖住,火即熄灭。

3)衣服着火时,立即用石棉布覆盖着火处或把衣服浸湿,及时脱下衣服,或就近卧倒,在地上滚动即可熄灭火焰,切忌乱跑。

4)电器着火时,切断电源后用灭火器灭火。

5)火势较大时,应采用灭火器灭火,有机实验室最常用的灭火器为二氧化碳灭火器或干粉灭火器。

2.爆炸的预防及处理

(1)在有机化学实验室中,发生爆炸事故一般有以下几种情况:

1)有机溶剂(特别是低沸点易燃溶剂)燃烧,当空气中混杂易燃有机溶剂,蒸气压达到某一极限时,遇到明火即发生燃烧爆炸;

2)某些化合物在受热或受到碰撞时会发生爆炸,如过氧化物、芳香族多硝基化合物等;

3)仪器安装不正确或操作不当,也可引起爆炸,如蒸馏或反应时实验装置为密封体系,减压蒸馏时使用不耐压的仪器等。

(2)为了防止爆炸事故的发生,应注意以下几点:

1)切勿将易燃溶剂倒入废液缸内,更不能用敞口容器盛放易燃溶剂;

2)使用易燃易爆物品时,应严格按照操作规程操作,不允许私自改变实验步骤;

3)反应过于猛烈时,应适当控制加料速度和反应温度,必要时采取冷却措施;

4)用玻璃仪器组装实验装置前,要先检查玻璃仪器是否破损;

5)常压操作时,实验装置不能为密闭体系,装置必须和大气相通,实验中应细心观察装置是否堵塞,如发现堵塞应立即停止实验,将堵塞排除后再继续进行实验;

6)减压蒸馏时,不能使用平底烧瓶等不耐压容器;

7)无论是常压蒸馏还是减压蒸馏,均不得将液体蒸干,以免局部过热或产生过氧化物而发生爆炸;

8)使用醚类化合物前,必须检查有无过氧化物存在,若有,必须除去后方可进行实验;

9)对于易燃的固体,不能重压或撞击,对一些易爆炸的残渣,必须小心处理销毁。

3.中毒的预防及处理

大多数化学药品都具有一定的毒性。毒性一般是通过皮肤接触或呼吸道吸入而造成的,

因此,预防中毒应做到以下几点:

(1)实验前要了解药品性质,称量有毒药品时要戴乳胶手套,尽量在通风橱中操作,切勿使有毒药品触及五官及伤口处,量取完药品后立即盖上瓶盖;

(2)反应过程中可能生成有毒气体的实验应加气体吸收装置,实验尽量在通风橱中进行;

(3)剧毒药品必须妥善保管,严禁乱放,使用时应严格按照操作规程操作,实验后的有毒残渣必须妥善处理,不得乱丢;

(4)用完有毒药品或实验完毕要用肥皂将手洗净。

如果已发生中毒,可按以下方法处理,并立即送医院救治。

(1)溅入口中尚未咽下者,应立即吐出,用大量水冲洗口腔;如已吞下,应根据毒物性质给以解毒剂。

(2)腐蚀性毒物中毒。对于强酸,应先饮大量水,然后服用氢氧化铝膏或鸡蛋清;对于强碱,也先饮大量水,然后服用醋、酸果汁或鸡蛋清。不论酸或碱中毒均需灌饮牛奶,不要吃呕吐剂。

(3)刺激剂及神经性毒物中毒。先服用牛奶或鸡蛋清使之立即冲淡与缓和,再用硫酸铜溶液催吐,也可用手指伸入喉部促使呕吐。

(4)吸入气体中毒者,将中毒者移至室外空气新鲜的地方,解开衣领及纽扣。吸入少量氯气或溴者,可用碳酸氢钠溶液漱口。

4. 灼伤的预防及处理

皮肤接触高温、低温或腐蚀性物质后均可被灼伤。为避免灼伤,在接触这些药品时,应戴好防护手套和眼镜。发生灼伤时应按下列要求处理。

(1)被热水烫伤。一般在患处涂上红花油,再擦烫伤膏。

(2)被碱灼伤。若碱液溅在皮肤上,先用大量水冲洗,再用 $1\%\sim2\%$ 乙酸或饱和硼酸溶液冲洗,然后用水冲洗,最后涂上烫伤膏;若碱液溅入眼睛,抹去溅在眼睛外面的碱液,立即用大量水冲洗,并及时去医院治疗。

(3)被酸灼伤。若酸液溅在皮肤上,先用大量水冲洗,再用 $1\%\sim2\%$ 碳酸氢钠溶液清洗,然后涂上烫伤膏;若酸液溅入眼睛,抹去溅在眼睛外面的酸液,立即用大量水冲洗,并及时去医院治疗。

(4)被溴灼伤。若溴溅在皮肤上,应立即用大量水冲洗,再用酒精擦洗或用 2% 的硫代硫酸钠溶液洗至呈白色,然后涂上甘油或鱼肝油软膏加以按摩。

5. 割伤的预防及处理

玻璃仪器是有机化学实验最常用的仪器,玻璃割伤是实验室常见的事故。使用玻璃仪器时应注意以下几点:

(1)用玻璃管连接仪器或插入温度计时,插入端蘸上一点水或甘油,以起到润滑作用;

(2)新割断的玻璃管断口处特别锋利,使用前要用火烧圆滑,或用锉刀锉圆滑;

(3)割伤后应先将伤口处的玻璃碎片取出,再用生理盐水洗净,轻伤可用创可贴贴在伤口处,严重割伤导致大量出血时,应在伤口上方 $5\sim10\ cm$ 处用绷带扎紧或用双手掐住,立即送医院处理。

1.3 有机化学实验常用的仪器和应用范围

1.3.1 玻璃仪器

玻璃仪器如图1-1所示。

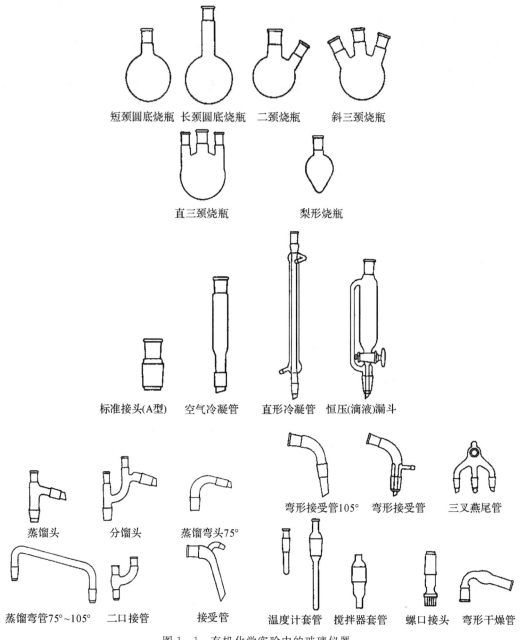

图 1-1 有机化学实验中的玻璃仪器

1.3.2 常用玻璃仪器的应用范围

常用玻璃仪器的应用范围见表1-1。

表1-1 常用玻璃仪器的应用范围

仪器名称	应用范围	备 注
圆底烧瓶	用于反应,回流、加热和蒸馏	
三口烧瓶	三口可分别安装温度计、机械搅拌及滴液漏斗	
球形冷凝管	用于回流	
直形冷凝管	蒸馏或回流	140℃以下
空气冷凝管	蒸馏或回流	140℃以下
弯头	用于常压蒸馏,替代蒸馏头	
蒸馏头	用于蒸馏	
克氏蒸馏头	用于减压蒸馏	
尾接管(接引管)	用于蒸馏	
真空尾接管(真空接引管)	用于减压蒸馏	
刺形分馏柱	用于分馏	
温度计套管	用于套接温度计蒸馏	
梨形分液漏斗	用于分离、萃取、洗涤	
恒压滴液漏斗	用于体系内有压力、可顺利加料	
大小头(小大头)	用于连接不同型号磨口仪器	
空心塞(磨口塞)	用于磨口瓶的塞子	
布氏漏斗	用于减压过滤	瓷质
抽滤瓶	用于减压过滤	不能直接加热
干燥管	装干燥剂用	
短颈玻璃漏斗	用于热过滤	
长颈玻璃漏斗	用于普通过滤或热滤	
锥形瓶	用于储存液体,混合溶液及少量液体的加热	不能用于减压蒸馏

1.3.3 标准磨口玻璃仪器

有机化学实验室玻璃仪器可分为普通玻璃仪器和磨口玻璃仪器。

标准磨口玻璃仪器是具有标准磨口或磨塞的玻璃仪器,由于口塞尺寸具有标准化、系统化和通用化的特点,凡属于同类规格的接口,均可任意连接,各部件能组装成各种配套仪器。与不同规格的部件无法直接组装时,可使用转换接头连接,所以使用起来尤为方便。使用标准接口玻璃仪器,既可免去配塞子的麻烦手续,又能避免反应物或产物被塞子玷污的危险。口塞磨砂性能良好,对蒸馏尤其是减压蒸馏非常有利,对于毒物或挥发性液体的实验较为安全。

常用的标准磨口规格为 10,14,19,24,29,34,50 等多种,这里的数字指磨口最大端的直径(单位:mm),表明规格。有的标准磨口玻璃仪器用两个数字表示,如 10/30,10 表示磨口大端的直径为 10 mm,30 表示磨口的高度为 30 mm。相同数字的内外磨口可以互相套用。若两磨口编号不同,可借助大小头使其紧密相连。

使用磨口仪器可免去洗塞、打孔等手续,又可避免软木塞、橡皮塞不洁带来的污染。但使用时,需注意以下事项。

(1)磨口表面必须清洁,否则,磨口对接不紧,导致漏气,同时,损坏磨口。

(2)使用磨口时一般不需涂润滑剂以免玷污产物。若反应中使用强碱,则需涂润滑剂以防黏连。减压蒸馏时,由于所需真空度较大,宜在磨口处涂少许真空脂。

(3)装配时,宜注意"稳、妥、端、正",使磨口连接处不受歪斜的压力,否则,常易将仪器折断。

(4)实验完毕,立即将仪器拆、洗干净。否则对接处会黏牢,以致拆卸困难。

(5)装拆时应注意相对的角度,不能在角度偏差时进行硬性装拆,否则极易造成破损。

(6)洗涤磨口时应避免用去污粉擦洗,以免损坏磨口。

1.4 化学试剂的取用与转移

1.4.1 化学试剂的规格

化学试剂按照纯度分成不同的规格,国产试剂通常分为四级(见表 1-2)。试剂规格越高,纯度越高,价格越贵。凡低规格试剂可以满足实验要求的,应避免使用高规格试剂,以免造成不必要的浪费。有机化学实验中大量使用的是三级和四级试剂,有的甚至用工业品代替。取用时要核对标签以确认试剂规格无误。

表 1-2 国产试剂的规格

试剂级别	中文名称	代号及英文名称	标签颜色	主要用途
一级品	保证试剂或"优级纯"	G. R. (guarantee reagent)	绿	用作基准物质,用于分析鉴定及精密的科学研究
二级品	分析试剂或"分析纯"	A. R. (analytical reagent)	红	用于分析鉴定及一般科学研究
三级品	化学纯试剂或"化学纯"	C. P. (chemically pure)	蓝	用于要求较低的分析实验和要求较高的合成实验
四级品	实验试剂	L. R. (laboratory reagent)	棕、黄或其他	用于一般性合成实验和科学研究

1.4.2 化学试剂的称量

有机化学实验的制备实验中,需要称取固体化学试剂时,通常使用天平。实验室常用的天平有普通天平和电子天平,感量从 0.1 g 到 0.001 g,目前机械天平已逐渐被电子天平取代。有机制备实验的称量通常允许误差在 1‰,一般情况下使用感量为 0.01 g 的天平就足够准确了。称量时,应将被称量的固体置于尺寸合适的硫酸纸上,或使用称量瓶,锥形瓶,烧杯等盛装被称量的物质。要注意保持天平的清洁,并严格按照规定的操作程序进行称量。

1.4.3　液体试剂的量取

液体试剂一般用量筒量取,用量少时可以用移液管量取,用量少且计量要求不严格时也可以用滴管吸取。观察刻度时应使眼睛与液面的弯月面底部平齐。黏度较大的液体可以使用天平称取,以免因黏附而造成过大的误差。量取腐蚀性液体时应戴上乳胶手套,量取发烟或逸出有毒气体的液体时应在通风橱内进行。

1.4.4　微量液体试剂的计量与转移

微量液体的量取通常使用微量移液管或自动滴液管。微量移液管有"吹风管"和"保留管",使用时应注意区别,使用后应立即清洗干净。

微量移液管也可以用注射器来计量。注射器针管和针头的连接有固定一体和可拆卸两种。注射器针头可插入橡胶管中,防止管内易挥发的液体挥发。使用后的注射器应及时用低沸点溶剂清洗干净。方法是将一定量的溶剂抽入注射器,然后针头朝上,向下拉内芯,使溶剂润湿,洗涤针管内壁,再将溶剂推压到回收瓶中,不允许反复拉动,但可以重复洗涤几次。

用微量移液管或注射器计量液体的体积后,可将液体直接转移到反应烧瓶或其他容器中。在转移对空气敏感的化合物时,使用注射器更为方便,针尖接触空气面积小,还可以将针尖插入橡胶塞中,防止在转移过程中试剂与空气接触。

用不同直径玻璃管拉制的滴管可以用来估计液体量和转移液体。滴管中还可以塞上一小团棉花或玻璃棉,其位置可以在滴管尖端,也可以在管粗细交界处。用准确计量体积的液体标定滴定管的体积,并划分刻度,如 0.5 mL,1.0 mL,1.5 mL,2.0 mL 等。这种滴管的细尖部分易折断,在标定滴管时可一次多标定几支备用。尖端堵塞的滴管用来转移液体,可以防止液体中固体粒子进入滴管中,起到过滤作用,同时也可以减小管内液体挥发的速度。堵塞的滴管可做微量过滤器,又称为过滤滴管。用脱脂棉花堵塞,其空隙小;用玻璃棉堵塞,其空隙大,但玻璃棉耐腐蚀,可根据用途和转移试剂的性质选择棉花或是玻璃棉。堵塞的方法是:选择适当大小棉花或玻璃棉团,从粗端放入滴管中,然后用一支硬的金属丝把棉花或玻璃棉团推到滴管中部,也可以慢慢地继续推到滴管的尖端。根据不同堵塞位置选择棉团大小,使棉团堵塞后能紧密的塞住。滴管使用后要及时清洗干净,尖端靠下,置于锥形瓶或试管中保存。

1.5　有机化学实验常用典型反应装置

做有机化学实验,首先应学会装配仪器。有机实验装置应根据不同的要求,利用磨口仪器或普通仪器进行组装。装配原则:先下后上,从左到右。

本节主要介绍几种典型的有机化学实验装置。

1.5.1 蒸馏装置

蒸馏是分离两种以上沸点相差较大的液体和除去有机溶剂的常用方法。几种常用的蒸馏装置如图1-2所示。图1-2(a)是最常用的蒸馏装置,由于这种装置出口处与大气相通,可能逸出馏液蒸气,当蒸馏易挥发的低沸点液体时,需将接引管的支管连上橡皮管,通向水槽或室外。支管口接上干燥管,可用作防潮的蒸馏。图1-2(b)是应用空气冷凝管的蒸馏装置,常用于蒸馏沸点在140℃以上的液体。若使用直形冷凝管,液体蒸汽温度较高会使冷凝管炸裂。图1-2(c)为蒸馏较大量溶剂的装置,由于液体可自滴液漏斗不断加入,既可调节滴入和蒸出的速度,又可避免使用较大的蒸馏瓶。

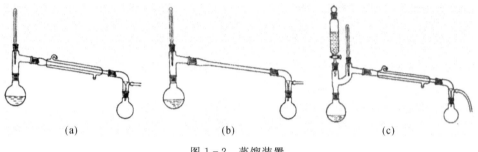

    (a)   (b)   (c)

图1-2 蒸馏装置

1.5.2 回流装置

在室温下,有些反应速率很小或难以进行。为了使反应尽快地进行,常常需要使反应物质较长时间保持沸腾。在这种情况下,就需要使用回流冷凝装置,使蒸气不断地在冷凝管内冷凝而返回反应器中,以防止反应瓶中的物质逃逸损失。图1-3(a)是最简单的回流冷凝装置。将反应物质放在圆底烧瓶中,在适当的热源上或热浴中加热。直立的冷凝管夹套中自下至上通入冷水,使夹套充满水,水流速度不必很快,能保持蒸气充分冷凝即可。加热的程度也需控制,使蒸气上升的高度不超过冷凝管的1/3。

如果反应物怕受潮,可在冷凝管上端口上装接氯化钙干燥管来防止空气中湿气侵入(见图1-3(b))。如果反应中会放出有害气体(如溴化氢),可加接气体吸收装置(见图1-3(c))。

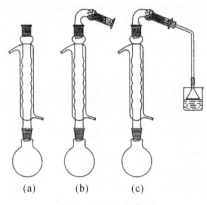

  (a) (b) (c)

图1-3 回流装置

在进行某些可逆平衡反应时,为了使正向反应进行到底,可将反应产物之一不断从反应混合物体系中除去,常采用回流分水装置除去生成的水。在如图 1-4 所示的装置中,有一个分水器,回流下来的蒸气冷凝液进入分水器,分层后,有机层自动被送回烧瓶,而生成的水可从分水器中放出去。

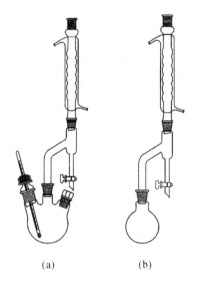

(a)   (b)

图 1-4　回流分水反应装置

1.5.3　搅拌装置

搅拌装置主要用于非均相体系或反应物之一需要逐滴加入的反应,可使反应物迅速混合,避免因局部过浓过热而产生副反应。常见的搅拌装置如图 1-5 所示。

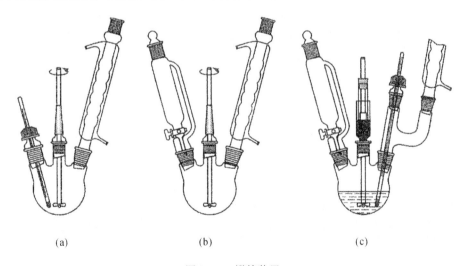

(a)   (b)   (c)

图 1-5　搅拌装置

1.6 加热和冷却

1.6.1 加热

有机反应的速率一般随温度升高而加快,实验测定表明,温度每升高 10℃,反应速率平均增加约 2 倍。因此,为了加快反应速率,常常在加热下进行反应。此外,有机化学实验的许多基本操作(如蒸馏等)都要用到加热。

化学实验中常用的热源有燃气灯、酒精灯、电热套和电热板等。玻璃仪器一般不能用火焰直接加热,因为剧烈的温度变化和加热不均匀会造成玻璃仪器的损坏。同时,由于局部过热,还可能引起有机物的部分分解。为了避免直接加热可能带来的弊端,实验室中常常根据具体情况应用不同的间接加热方式。

1.酒精灯加热

酒精灯多用于加热水溶液和高沸点溶液,但不允许用于易燃物的加热及减压蒸馏等。加热时,须在容器下垫上石棉网,这样受热均匀,且受热面积大。

2.水浴

当所需加热温度在 80℃ 以下时,可将容器浸入水浴中。热浴液面应略高于容器中的液面,勿使容器的底部接触水浴锅底。控制温度稳定在所需范围内。

若长时间加热,水浴中的水易蒸发,可采用电热恒温水浴,还可在水面上加几片石蜡,石蜡受热熔化铺在水面上,可减少水的蒸发。

3.油浴

加热温度在 80~250℃ 之间常用油浴,也可用电热帽加热。

油浴所能达到的最高温度取决于所用油的种类。若在植物油中加入 1% 的对二苯酚,可增加油在受热时的稳定性。甘油和邻苯二甲酸二丁酯的混合液适用于加热到 140~180℃,温度过高则分解。甘油吸水性强,放置过久的甘油,使用前应首先加热蒸去所吸的水分,之后再用于油浴。液状石蜡可加热到 220℃,温度稍高虽不易分解,但易燃烧,固体石蜡也可加热到 220℃ 以上,其优点是室温下为固体,便于保存。硅油和真空泵油在 250℃ 以上时比较稳定,但由于价格贵,一般实验室使用较少。

用油浴加热时,要在油浴中装置温度计(温度计的水银球不应触及油浴锅底),以便随时观察和调节温度。油浴所用的油不能溅入水,否则加热时会产生泡珠和爆溅。使用油浴时,要特别注意防止油蒸气污染环境和引起火灾。为此,可用一块中间有圆孔的石棉覆盖油锅。油浴可采用外部加热和内部加热两种。在带手柄的蒸发皿底部放置包在硬质玻璃管内的电阻丝,电阻丝两端与可调变压器相连。

4.电热板

电热板用于平底容器(如烧杯、锥形瓶等)的加热,其内部装有电阻丝和用于调节电压的装置,可通过调节旋钮控制加热温度,通常用来加热水、矿物油和硅油等,但不得加热沸点较高可燃的有机溶剂。电磁搅拌加热板属于此种类型,可用于温度要求不高反应时的加热。

5. 电热套和空气浴

电热套加热就是简便的空气水浴加热,能从室温加热到 200℃ 左右。安装电热套时,要使反应瓶外壁与电热套内壁保持 1～2 cm 的距离,以便利用热空气传热和防止局部过热。

空气浴就是使热源将局部空气加热,空气再将热能传导给反应容器。

6. 沙浴

加热温度达 200℃ 或 300℃ 以上时,一般用沙浴。

将清洁而又干燥的细沙平铺在铁盘上,把盛有被加热物料的容器埋在沙中,加热铁盘。由于沙堆热的传导能力较差而散热较快,所以容器底部与沙浴接触的沙层要薄些,以便受热。由于沙温度上升较慢,且不易控制,因而使用不广。

除了以上介绍的几种加热方法外,还可用熔盐浴、金属浴(合金浴)、电热法等更多的加热方法,以适于实验的需要。无论采用何种方式加热,都需要加热均匀而稳定,尽量减少热量损失。

1.6.2 冷却

有些反应由于中间体在室温下不够稳定,必须在低温下进行,如重氮化反应等需要冷却;有的放热反应,常产生大量的热,使反应难以控制,并引起易挥发化合物的损失,或导致有机物的分解及增加副反应,为了除去过剩的热量,也需要冷却;此外,为了减少固体化合物在溶剂中的溶解度,使其易于析出结晶,常需要冷却。

将反应物冷却的最简单方法,就是将盛有反应物的容器浸入冷水中冷却。最常用的冷却剂是冰或冰和水的混合物,后者由于能和容器壁接触更好,冷却的效果要比前者好。如果有水存在,不妨碍反应的进行,也可以把冰投入反应物中,这样可以更有效地保持低温。

若需要把反应混合物冷却到 0℃ 以下,可用食盐和碎冰的混合物。一份食盐和三份碎冰的混合物,可使温度降至 $-5 \sim -18℃$。食盐投入冰内时碎冰易结块,故最好边加边搅拌。也可用冰与六水合氯化钙结晶($CaCl_2 \cdot 6H_2O$)的混合物,如 10 份六水合氯化钙结晶与 7～8 份碎冰均匀混合,可使温度降至 $-20 \sim -40℃$。

液氮可冷至 $-188℃$,购买和使用都很方便,使用时注意不要被冻伤。

液氨也是常用的冷却剂,温度可达 $-33℃$。

将干冰(固体二氧化碳)与适当的有机溶剂混合,可得到更低的温度,如与乙醇或丙酮的混合物可达到 $-78℃$。

液氨和干冰(或干冰-丙酮溶液)应盛放在保温瓶(也称杜瓦瓶)或其他绝热较好的容器中,上口用铝箔覆盖,以减少挥发,降低制冷效率,如有的无须长时间保持低温,应使用电冰箱。置于冰箱内的容器须加盖塞子,贴好标签,以防止水汽进入或有机物泄露。

在使用温度低于 $-38℃$ 的冷浴时,不能使用水银温度计,因水银在 $-38.7℃$ 时会凝固,需用以乙醇、正戊烷等制成的低温温度计。因有机液体传热较差,这类温度计达到平衡的时间较水银温度计长。

1.7 常用仪器的洗涤和保养

1.7.1 玻璃仪器的洗涤

进行化学实验必须使用清洁的玻璃仪器。实验用过的玻璃仪器必须立即洗涤,若时间久了,会增加洗涤的困难。

洗涤的一般方法是用水、洗衣粉、去污粉刷洗。刷子是特制的,如瓶刷、烧杯刷、冷凝管刷等,但用腐蚀性洗液时则不用刷子。洗涤玻璃仪器时不应该用秃顶的刷子,它会擦伤玻璃乃至龟裂。若难以洗净,则可根据污垢的性质选用适当的洗液进行洗涤。酸性(或碱性)污垢用碱性(或酸性)洗液洗涤;有机污垢用碱液或有机溶剂洗涤。现在介绍几种常用洗液。

1. 铬酸洗液

铬酸洗液的氧化性很强,对有机污垢的破坏力很大。倾去仪器内的水,慢慢倒入洗液,转动器皿,使洗液充分浸润不干净的器壁,数分钟后把洗液倒回洗液瓶中,用自来水冲洗。若壁上粘有少量炭化残渣,可加入少量洗液,浸泡一段时间后在小火上加热,直至冒出气泡,炭化残渣可被除去。当洗液颜色变绿时,表示洗液失效,应该弃去,不能倒回洗液瓶中。

配置方法:将研细的重铬酸钾 20 g 放入 500 mL 烧杯中,加水 40 mL,加热溶解,待溶解后冷却,再慢慢加入 350 mL 浓硫酸,边加边搅拌,即成铬酸洗液。

2. 盐酸

用浓盐酸可以洗去附着在器壁上的二氧化锰或碳酸盐等污垢。

3. 碱液和合成洗涤剂

将碱液或合成洗涤液配成浓溶液,用以洗涤油脂和一些有机物(如有机酸)。

4. 有机溶剂洗涤液

当胶状或焦油状的有机污垢如用上述方法不能洗去时,可选用丙酮、乙醚、苯浸泡,要加盖以免溶剂挥发,或用 NaOH 的乙醇溶液亦可。用有机溶剂做洗涤剂,使用后可回收重复使用。

若用于精制或有机分析用的仪器,除用上述方法处理外,还须用蒸馏水冲洗。

仪器清洁的标志:加水倒置,水顺着器壁流下,内壁被水均匀润湿有一层既薄又均匀的水膜,不挂水珠。

1.7.2 玻璃仪器的干燥

有机化学实验经常要使用干燥的玻璃仪器,故要养成在每次实验后马上把玻璃仪器洗净并倒置使之干燥的习惯,以便下次实验时使用。干燥玻璃仪器的方法有下述几种。

1. 自然风干

自然风干是指把已洗净的仪器在干燥架上自然风干,这是常用且简单的方法。但是必须注意,若玻璃仪器洗得不够干净,水珠便不易流下,干燥就会较为缓慢。

2. 烘干

把玻璃仪器按从上层往下层的顺序放入烘箱烘干,放入烘箱中干燥的玻璃仪器,一般要求不带有水珠,仪器口向上。带有磨砂口玻璃塞的仪器,必须取出活塞后,才能烘干,烘箱内的温度保持 100～105℃,约 0.5 h,待烘箱内的温度降至室温时才能取出。切不可把很热的玻璃仪器取出,以免破裂。当烘箱已工作时则不能往上层放入湿的仪器,以免水滴下落,使热的仪器骤冷而破裂。

3.吹干

有时仪器洗涤后需立即使用,可用气流或电吹风把仪器吹干。首先将水尽量沥干后,加入少量丙酮或乙醇摇洗并倾出,先通入冷风吹 1～2 min,待大部分溶剂挥发后,再吹入热风至完全干燥为止,最后吹入冷风使仪器逐渐冷却。

1.7.3　常用仪器的保养

有机化学实验常用各种玻璃仪器的性能是不同的,必须掌握它们的性能、保养和洗涤方法,才能正确使用,提高实验效果,避免不必要的损失。现在介绍几种常用的玻璃仪器的保养和清洗方法。

1.温度计

温度计水银球部位的玻璃很薄,容易破损,使用时要特别小心:不能用温度计当搅拌棒使用;不能测定超过温度计的最高刻度的温度;不能把温度计长时间放在高温的溶剂中,否则,会使水银球变形,读数不准。

温度计用后要让它慢慢冷却,特别是在测量高温之后,切不可立即用水冲洗,否则,会破裂,或水银柱断裂。应悬挂在铁架台上,待冷却后把它洗净抹干,放回温度计盒内,盒底要垫上一小块棉花。如果是纸盒,放回温度计时要检查盒底是否完好。

2.冷凝管

冷凝管通水后很重,所以安装冷凝管时应将夹子夹在冷凝管重心的地方,以免翻倒。洗刷冷凝管时要用特制的长毛刷,如用洗涤液或有机溶液洗涤时,则用软木塞塞住一端,不用时,应直立放置,使之易干。

3.蒸馏烧瓶

蒸馏烧瓶的支管容易碰断,故无论在使用时或放置时都要特别注意保护蒸馏烧瓶的支管,支管的熔接处不能直接加热。其洗涤方法和烧瓶的洗涤方法相同。

4.分液漏斗

分液漏斗的活塞和盖子都是非标准磨砂口的,若非原配的,就可能不严密,所以,使用时要注意保护它。各个分液漏斗之间也不要互相调换,用后一定要在活塞和盖子的磨砂口间垫上纸片,以免日后难以打开。

5.砂芯漏斗

砂芯漏斗在使用后应立即用水冲洗,否则,难以洗净。滤板不太稠密的漏斗可用强烈的水流冲洗;如果是较稠密的,则用抽滤方法冲洗,必要时用有机溶剂洗涤。

1.8 有机化学实验预习、记录和实验报告

学习本课程,必须掌握有机化学实验的一般知识。

在进行每个实验之前,必须认真预习有关实验的内容。首先明确实验的目的、原理、内容和方法,然后写出简要的实验步骤,应特别注意实验的关键地方和安全问题。总之,要安排好实验计划。

实验报告应包括实验的目的和要求、反应式、主要试剂的规格用量(指合成实验)、实验步骤和现象、产率计算、讨论等。要如实记录填写报告、语言精练、图表准确。

整个实验务必做到:充分预习,操作有纲,胆大心细,仔细观察,及时记录。

1.8.1 实验预习

进入有机化学实验室,最重要也是最基本的要求就是保证实验能够安全顺利地进行。为了确保实验能够达到预期的效果,实验预习的认真与否常是实验能否成功的关键因素之一。因此,要求学生必须仔细认真地写好预习报告,做到心中有数。无预习报告者不能进行实验。

预习报告的内容,主要包括以下几项:

(1)明确实验目的和要求;

(2)了解实验原理、主反应和副反应方程式;

(3)查清反应机理,以了解反应过程的来龙去脉;

(4)查阅主要试剂和产物物理常数;

(5)领会实验内容,写出简单的实验步骤并准确画出反应装置图;

(6)熟悉相关单元操作内容,列出粗产物纯化过程;

(7)了解反应的注意事项、关键操作、重点和难点及安全操作问题。

总之,实验预习并不是简单的抄写工作,应该勤于动脑,自行消化实验内容,方能做到事半功倍。

1.8.2 实验记录

实验记录是研究实验内容,书写实验报告的重要依据,应本着科学的、认真的态度如实记录,养成良好的实验记录习惯。实验记录大致包括时间、用量、温度、现象、物态等。对于预期相反的现象尤为注意,应该将所观察的现象如实地记录在笔记本上,因为它对正确解释实验结果会有很大的帮助。

注意千万不要抢时间,赶任务,否则易出事故。杜绝相互攀比、相互对照、一旦现象与他人不一致就倒掉重做的事情发生。杜绝使用活页纸和散纸做记录,应拿实验本进行记录。杜绝涂改实验数据,这种违背科学、求实的作风和原则的行为,性质是极其恶劣的,特别应该引起教师和学生的注意。

1.8.3 实验报告

实验报告是记录、描述、讨论、总结某项实验的过程和结果的报告,它是科技报告中应用最为广泛的一种形式。

实验报告是对实验过程的详细总结,它应包括实验过程和理论分析两部分内容,是使感性认识上升到理性认识的重要手段。实验报告的格式应不拘一格,但从写作的角度来看所有实验报告都存在共性:VARIO 原则,即 Verifiability(确认性),Accuracy(正确性),Readability(可读性),Impartiality(公正性),Objectivity(客观性)。

若所做的是一种独创性的工作,报告中应把做过的所有实验详细步骤写进去,可参考 J. Org. Chem. ,Tetrahedron,Synthesis,《化学学报》《高等学校化学学报》《有机化学》等杂志。

1.8.4　实验报告实例

环己烯的制备

一、实验目的和要求

(1)学习以浓磷酸催化环己醇脱水制取环己烯的原理和方法。
(2)初步掌握分馏和蒸馏的基本操作技能。

二、反应式

主反应:

环己醇 $\xrightarrow{85\% H_3PO_4}$ 环己烯 $+ H_2O$

副反应:

环己醇 $\xrightarrow{85\% H_3PO_4}$ 二环己基醚 $+ H_2O$

三、主要试剂及产物的物理常数

主要试剂及产物的物理常数见表 1-3。

表 1-3　主要试剂及产物的物理常数

名　称	相对分子质量	性　状	折射率 n_D^{20}	相对密度 d_4^{20}	熔点/℃	沸点/℃	溶解度/[g·(100mL)$^{-1}$]		
							水	醇	醚
环己醇	100.16	无色黏稠液体	1.464 8	0.962	22~25	161.5	5.67	溶	溶
环己烯	82.15	无色液体	1.446 5	0.810	−103.5	83.0	极难溶	易溶	易溶

四、主要试剂用量及规格

环己醇(C. P.):10g(10.4mL,约 0.1mol);浓磷酸(C. P.):3.0 mL(5.1 g,0.052 mol)。

五、仪器装置

本实验所需仪器装置如图 1-6~图 1-8 所示:

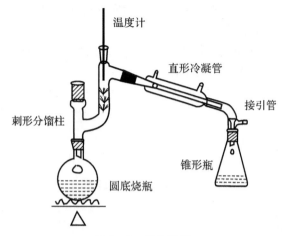

图 1-6 反应装置

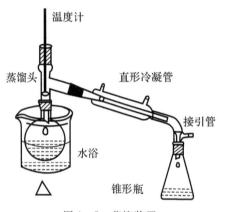

图 1-7 蒸馏装置

图 1-8 分液漏斗

六、实验步骤及现象记录

实验步骤及各步现象记录于表 1-4 中。

表 1-4 实验步骤及现象

步 骤	现 象
1. 在 50 mL 圆底烧瓶中加入 10.4 mL 环己醇，3.0 mL 浓 H_3PO_4，边摇边晃动烧瓶，使充分混合，放几粒沸石	混合液呈无色透明；烧瓶发热
2. 装置如图 1-6 所示。用 50 mL 圆底烧瓶作接收器。小火加热 1 h，控制顶部温度在 90 ℃ 以下，50 min 后加大火焰，再加热 5 min	15 min 后有液体馏出，收集温度为 70～86 ℃ 液体，每 3 s 一滴，蒸馏时有刺鼻的气体产生，50 min 后出现白色烟雾，温度下降，馏出速度变慢，停止加热，残留液呈深蓝色
3. 馏出液用 1.0 g NaCl 使其饱和，再滴加 5 mL 5% Na_2CO_3 溶液至微碱性，用分液漏斗分去水分	馏出液 30 mL 转移至分液漏斗时少量精盐留在锥形瓶内，pH 试纸检验为 8。油层混浊。下层为水层，从下口放出

续表

步　骤	现　象
4. 从上口倒入干燥的小锥形瓶中,加 $2 \sim 3$ g 无水 $CaCl_2$,在不断摇动下干燥 0.5 h	液体由混浊变清亮
5. 产物滤入 50 mL 圆底烧瓶中,加几粒沸石后,加热蒸馏,收集 $80 \sim 85℃$ 馏分	干燥剂留在锥形瓶内。蒸馏时没有前馏分。沸程:$80 \sim 85℃$。产物为无色透明液体,4.8 g,残留液少量
6. 测产品的折射率	折射率为 1.446 2

七、产率计算

理论产率 x:100:$82 = 10$:x

计算得 $x = 8.2$ g

产率为 $4.8/8.2 \times 100\% = 56\%$

八、讨论

(1)环己醇在常温下为黏稠液体,用量筒量取时,未注意转移中造成的损失,以致产量偏低。建议用加液器量取或用电子天平称量,以避免转移中的损失。

(2)本实验要求反应 1 h 完成,但实际操作时,只用了 50 min,可能造成部分未反应的环己醇被蒸出。因此,蒸馏速度不宜太快。

1.9　有机化学文献简介

化学文献是前人科学研究、生产实践结果的结晶。在进行有机化学实验前查阅相关文献,可以起到知己知彼的作用,既有利于实验成功,又可以避免事故发生。学生需了解实验的相关信息,其中包括:实验中所用溶剂的处理方法,反应物和产物的物理性质、化学性质和光谱学特征,反应合成路线、合成方法以及后处理步骤。化学文献的查阅是实验和科研工作的重要组成部分,也是学生获取知识、培养能力和素质的重要方面。化学文献包括各种期刊、文摘、工具书及专业参考书。这里简要介绍几种化学文献的来源和用途。

1.9.1　期刊

(1)*Angewandte Chemie*,*International Edition*(应用化学国际版)。

《应用化学国际版》(缩写为 *Angew. Chem.*)于 1888 创刊(德文),1962 年起出版英文国际版,半月刊,主要刊登覆盖整个化学学科研究领域的高水平研究论文和综述文章。

(2) *Journal of the American Chemical Society*(美国化学会会志)。

《美国化学会会志》(缩写为 *J. Am. Chem. Soc.*)于 1879 年创刊,由美国化学会主办,半月刊,发表所有化学学科领域高水平的研究论文和简报。

(3)*Journal of the Chemical Society*(化学会志)。

《化学会志》(缩写为 *J. Chem. Soc.*)于 1848 年创刊,由英国皇家化学会主办,月刊,为综合性化学期刊。1972 年起分六辑出版,其中 *Perkin Transactions* Ⅰ 和 Ⅱ 分别刊登有机化学、生物有机化学和物理有机化学方面的全文。研究简报则发表在另一辑上,刊名为 *Chemical Communications*(化学通讯),缩写为 *Chem. Commun.*

(4) *Journal of Organic Chemistry*(有机化学杂志)。

《有机化学杂志》(缩写为 *J. Org. Chem.*)于 1936 年创刊,由美国化学会主办,初期为月刊,1971 年起改为双周刊,主要刊登涉及整个有机化学学科领域高水平的研究论文的全文、短文和简报。

(5)*Synthesis*(合成)。

《合成》于 1969 年创刊,德国斯图加特 Thieme 出版社出版,月刊,主要刊登有机合成化学方面的评述文章、通讯和文摘。

(6) *Tetrahedron*(四面体)。

《四面体》于 1957 年创刊,英国牛津 Pergamon 出版,半月刊,主要刊登有机化学各方面的最新实验与研究论文,多数以英文发表,也有部分文章以德文和法文刊出。

(7) 中国科学(化学专辑)。

《中国科学(化学专辑)》于 1950 年创刊,中国科学院主办,月刊,有中、英文版。从 1997 年起分为 6 个专辑,化学专辑主要反映中国化学学科各领域重要的基础理论方面的和创造性的研究成果。

(8)化学学报。

《化学学报》于 1933 年创刊,中国化学会主办,主要刊登化学学科基础和应用基础研究方面的创造性研究论文的全文、研究简报和研究快报。

(9)高等学校化学学报。

《高等学校化学学报》于 1964 年创刊,中国教育部主办,主要刊登中国高校化学学科领域内的创造性研究论文的全文、研究简报和研究快报。

(10)有机化学。

《有机化学》于 1981 年创刊,中国化学会主办,主要刊登中国有机化学领域的创造性的研究综述、论文、研究简报和研究快报。

1.9.2　文摘

Chemical Abstracts(美国化学文摘)简称 CA,是检索原始论文最重要的参考来源,它创刊于 1907 年,每年发表 50 多万条引自 9 000 多种期刊、综述、专利、会议和著作中原始论文的摘要。化学文摘每周出版一期,每 6 个月的月末汇集成一卷。1940 年以来,其索引有主题索引、分子式索引、化学物质索引、专利号索引、作者索引和环系索引。目前,每 5 年出版一套 5 年累积索引。

在 CA 的文摘中一般包括以下几项内容:①文题;②作者姓名;③作者单位和通讯地址;④原始文献的来源(期刊、杂志、著作、专利和会议等);⑤文摘内容;⑥文摘摘录人姓名。

还可以利用光盘来检索 CA,只要输入作者姓名、关键词、文章题目、登录号、特定物质的分子式或化学结构式,就能迅速检索到包含上述项目的文摘。

1.9.3　工具书

（1）*Aldrich Handbook of Fine Chemicals*。

该工具书由美国 Aldrich 化学公司组织编写出版，每年出一新版。2003—2004 版收集了两万余种化合物。一种化合物作为一个条目，内容包括相对分子质量、分子式、沸点、折射率、熔点等数据。较复杂的化合物给出了结构式，并给出了化合物的核磁共振和红外光谱图的出处。每种化合物还给出了不同等级、不同包装的价格，可以据此订购试剂。

（2）*Beilstein's Handbook der Organischen Chemie*。

该工具书收录了原始文献中已报道的有机化合物的结构、制备、性质等数据和信息，内容准确、引文全面、信息量大，是有机化学权威性的工具书。目前，已收录了 100 多万个有机化合物，均按化合物官能团的种类排列，一个化合物在各编中卷号位置不变，利于检索。1991 年出版了英文的百年积累索引，对所有化合物提供了物质名称和分子式索引。

（3）*Handbook of Chemistry and Physis*。

该工具书由美国化学橡胶公司（Chemical Rubber Co. ，CRC）出版。手册不仅提供了元素和化合物的化学物理方面最新的重要数据，还提供了大量的科学研究和实验室工作所需要的知识。编排是按照有机化合物的英文名字母顺序排列，其分子式索引（Formula Index of Organic Compound）按碳、氢、氧的数目排列。

（4）*Lange's Handbook of Chemistry*。

该工具书由 J. A. Dean 主编，McGraw－Hill 公司出版，1934 年第 1 版，1999 年第 15 版。本书为综合性化学手册，包括综合数据与换算表、化学各学科、光谱学和热力学性质等共 11 部分。

（5）*The Mreck Index*。

该工具书由美国 Mreck 公司出版，是一部化学制品、药物和生物制品的百科全书。第 14 版 *The Mreck Index* 收集了 10 000 多种化合物，其中药物化合物 4 000 多种、常见有机化合物和试剂 2 000 多种、天然产物 2 000 多种、元素和无机化合物 1 000 多种、农用化合物 1 000 多种。每种化合物都有它的命名、分子式、相对分子质量、化学文摘、登记号、性质、结构等内容，更重要的是有这一化合物的参考文献，*The Mreck Index* 更重视专利文献的摘录。另外还包含 400 余个有机人名反应以及化疗制剂、公司代码、公司缩略写、全称、地址、术语表等项目表。

（6）*The Sadtler Standard Spectra*。

该工具书是美国宾夕法尼亚州研究实验室编辑的一套光谱资料，收集了大量光谱图。至 1996 年已经收入了标准棱镜红外光谱图 9.1 万张（V.1～123）、光栅红外光谱图 9.1 万张（V.1～123）、紫外光谱 4.814 万张（V. 1～170）、^{1}H NMR 6.4 万张（V. 1～118）、300 Hz 高分辨 ^{1}H NMR 1.2 万张（V. 1～24），^{13}C NMR 4.2 万张及荧光光谱等数据，其中的 ^{1}H NMR 和 ^{13}C NMR 谱图集对共振信号给予归属指认，是一部相当完备的光谱文献。

（7）化工辞典。

该工具书是王箴主编，化学工业出版社出版。第 4 版（2000 年出版）共收集化学化工名词 16 000 余条，列出了无机和有机化合物的分子式、结构式、基本物理化学性质（如密度、熔点、沸点、冰点等）及有关数据，并附有简要制法及主要用途。

（8）试剂手册。

该工具书是中国医药公司上海化学试剂采购供应站编写,上海科学技术出版社出版。第 2 版(1985 年出版)收入了化学试剂 7 500 余种。每种试剂给出了中、英文名称,分子式,结构式,物理化学性质,用途和储运注意事项等,对常用者还列举出厂参考规格。各条目按其英文名称的字母顺序排列,书末附有中、英文名称索引。

1.9.4　参考书

(1) Compendium of Organic Synthetic Methods。

该书由 John Wiley & Sons 出版。该书简要介绍有机化合物主要官能团间可能的相互转化,并给出原始文献的出处。

(2)Organic Reactions。

该书由 John Wiley & Sons 于 1942 年出版,至 2003 年已出版了 62 卷,每卷有 5～12 章不等,详细地介绍了有机反应的广泛应用。给出了典型的实验操作细节和附表。此外,还有作者索引和主题索引。

(3)Organic Synthesis。

该书由 John Wiley & Sons 于 1932 年出版,至 2003 年已出版了 80 卷。详细描述了总数超过 1 000 种化合物的有机反应,在出版前,所有反应的实验步骤都要被复核至彻底无误,因而书中的许多方法都有普遍性,可供合成类似物时参考,书中还有反应试剂和溶剂的纯化步骤,特殊的反应装置。通过网站 http://www.orgsyn.org 可以多种方式(包括结构式)检索查询。

(4)有机制备化学手册。

该书由韩广甸等编译,石油化学工业出版社。全书分总论和专论等 43 章,分上、中、下三册。书中包括有机化合物制备的基本操作和理论基础、安全技术及有机合成的典型反应等。

(5)有机化学实验。

该书由兰州大学与复旦大学化学系有机化学教研组编。1994 年版共收集 75 个制备实验,安排了一些多步合成实验和难度较大的实验,实验的试剂用量在常量的范围内有所减少,大部分实验附有产物的波谱图。

(6)有机化学实验。

该书由曾昭琼主编,2000 年版保持了原有教材的体系,并以小量规模实验为主,部分实验配有微型实验,含有机化学实验一般知识、基本操作和实验技术,有机化合物制备及性质实验和理论实验。每一实验后有注释和问题,书后附有各类实验参考数据以便查阅。

(7)现代有机化学实验技术导论

该书由 D. L. 帕维亚等编,丁新腾译,1985 年由科学出版社出版。全书分两大部分,第 1 章收集成熟的实验 56 个,主要是有机合成实验;第 2 章由 17 项基本操作技术及其理论基础组成。该书的主要特点在于所选实验与人类的日常生活及现代科学新领域密切相关,大大增强了实验的趣味性。

1.9.5　网络信息资源

(1) 中国国家图书馆·中国国家数字图书馆。

网址:http://www.nlc.cn/

中国国家图书馆是综合性研究图书馆,是国家总书库,履行搜集、加工、存储、研究、利用和传播知识信息的职责。国家图书馆是全国书目中心、图书馆信息网络中心。

(2)万方数据知识服务平台。

网址:http://www.wanfangdata.com.cn/

该网站链接可查阅基础科学、农业科学、人文科学、医药卫生和工业技术等众多领域的期刊。还可查数据库,包括企业与产品、专业文献、期刊会议、学位论文、科技成果、中国专利等。

(3)中国科学院上海有机化学研究所化学专业数据库。

网址:http://202.127.145.134/scdb/default.asp

该网站链接包括结构、反应、谱图、天然产物以及毒性等专业数据库,内容丰富。

(4)化合物性质检索。

网址:http://chembiofinderbeta.cambridgesoft.com/

该链接是剑桥软件公司的免费数据库服务。可以通过系统名、俗名、CAS 登陆号查询物质的物理化学常数,包括相对分子质量、熔点、沸点、溶解性以及热力学、动力学部分数据。

(5) 有机合成检索。

网址:http://www.orgsyn.org/

该链接是 Organic Synthesis 的网络电子版,为剑桥公司数据库支持的免费检索。收录了 Organic Synthesis 80 年来的经典合成路线和具体操作,所有反应步骤均经过校验核对和重复,权威有机化学反应网上资源,可以通过 CAS 登陆号、结构式、名称等查询反应。

(6)有机化合物谱图检索。

网址:http://riodb.ibase.aist.go.jp/sdbs/cgi‐bin/direct_frame_top.cgi

该链接可通过 CAS 登录号、名称以及分子式等可以查询得到相关化合物的红外光谱、核磁共振氢谱、核磁共振碳谱、质谱、电子自旋共振(ESR)谱和拉曼(Raman)光谱的标准谱图。

网上的化学资源非常丰富,根据网址可非常方便、迅速地查找有关化学文献。

第2章　有机化学实验的基本操作

2.1　塞子钻孔和简单的玻璃加工操作

(一)实验目的

练习塞子的钻孔和玻璃管的简单加工操作。

(二)操作步骤

在有机化学实验中,特别是制备实验中,如果使用普通玻璃仪器,常常要用不同规格和形状的玻璃管和塞子等部件将各种玻璃仪器正确地装配起来。因此,玻璃管的加工和塞子的选用及钻孔方法是进行有机化学实验必不可少的基本操作。

2.1.1　塞子的选用和钻孔

1.塞子的种类和用途

实验室除玻璃塞子外,还常用软木塞和橡皮塞。

软木塞:优点是不易与有机化合物作用,不易被有机化合物侵蚀或溶胀;但易漏气,易被酸或碱腐蚀。

橡皮塞:优点是不漏气和不易被酸碱腐蚀;但易被有机化合物侵蚀或溶胀。

究竟选用哪种塞子合适要视具体情况而定。一般多选用软木塞,因为在有机化学实验中接触的主要是有机化合物。无论选用哪种塞子,塞子大小的选择和钻孔的操作都是必须掌握的。

2.塞子大小的选择

塞子的大小应与仪器口径相适应,塞子进入瓶颈或管颈的部分不能少于塞子本身高度的1/2,也不能多于2/3,如图2-1所示。使用新的软木塞时,只要能塞入1/3~1/2就可以了,因为经过压塞机压紧后就能塞入2/3左右了。

3.钻孔器的选择

化学实验中往往需要在塞子内插入导气管、温度计、滴液漏斗等,这就需要在塞子上钻孔。钻孔用的工具叫作钻孔器(打孔器),靠手力钻孔,如图2-2所示。也有把钻孔器固定在简单的机械上,借机械力钻孔的,这种机械叫作打孔机。每套钻孔器有5~6支直径不同的钻嘴,以供选择。

在软木塞上打孔,应选用比欲插入玻璃管等的外径稍小或接近的钻嘴;若在橡皮塞上钻孔,则要选用比欲插入的玻璃管等的外径稍大一些的钻嘴,因为橡皮塞有弹性,钻成的孔道比钻嘴细。

图 2-1　塞子的配制　　　　　　　　图 2-2　钻孔器
(a)不正确；　(b)正确；　(c)不正确

4. 钻孔的方法

软木塞在钻孔之前,需要在压塞机(见图 2-3)上压紧或放在桌子上滚压(见图 2-4),以防在钻孔时塞子破裂。

把塞子小的一端朝上,平放在桌面上,塞子下垫一块木板,以避免当塞子被钻通后把桌面钻坏(见图 2-5)。钻孔时,左手持紧塞子平稳地放在木板上,右手握住钻孔器的柄,在预定的位置用力将钻孔器以顺时针方向垂直向下钻动。钻孔器不能左右摆动,更不能倾斜,否则,钻得的孔道是偏斜的。等到钻至塞子高度的一半时,拔出钻孔器,捅出钻孔中的塞芯。拔出钻孔器的方法是将钻孔器边转动边往出拔。然后从塞子大的一端钻孔,要对准塞子小的一端的孔位照上述同样的方法钻孔,直至钻通为止。拔出钻孔器,捅出钻孔器内的塞芯。

图 2-3　压塞机　　　图 2-4　将软木塞放在桌子上碾压　　　图 2-5　塞子钻孔

为了减小钻孔时的摩擦(特别是橡皮塞上钻孔时),可在钻嘴的刀口上涂一些甘油或水。孔钻成后,要检查孔道是否合用,如果不费力就能插入玻璃管,说明孔道过大,玻璃管和塞子之间不能紧密贴合,容易漏气,不能使用。若孔道略小或不光滑,可用圆锉修整。

2.1.2　简单玻璃制品的制作

1. 玻璃管的截断

玻璃管的截断操作分为两步:一是锉痕,二是折断。锉痕的工具是小三角钢锉,如果没有小三角钢锉,可用新敲碎的瓷片。锉痕的操作是把玻璃管平放在桌子边缘上,左手的拇指按住玻璃管要截断处附近,右手执小三角钢锉,把小三角钢锉的棱边放在玻璃管要截断的地方,用力锉出一道凹痕。锉痕时只能向一个方向锉,不能来回拉锉,如图 2-6 所示。

锉出凹痕后,用两手分别握住凹痕的两边,凹痕向外,两手的拇指在凹痕的背后两侧,轻轻用力一压带拉,就把玻璃管在凹痕处折成两段,如图 2-7 所示。为了安全起见,常用布包住玻璃管,同时尽可能远离眼睛,以避免玻璃碎粒伤人。

玻璃管的端口很锋利,容易划破皮肤,又不易插入塞子的孔道中,所以必须将玻璃管断口在灯焰上烧熔使之光滑。即将玻璃管呈 45°角在酒精灯或酒精喷灯的氧化焰处烧熔,一边烧一边来回转动,直至玻璃管断口平滑。不应烧得太久,以免管口缩小。

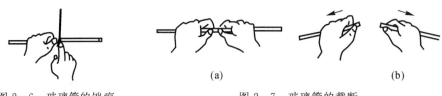

图 2-6 玻璃管的锉痕   图 2-7 玻璃管的截断

2.玻璃管的弯曲

如图 2-8 所示,双手持玻璃管,将要弯曲的地方放在氧化焰上预热,然后放在鱼尾形的火焰上加热,使玻璃管受热的部分约为 5 cm,在火焰中将玻璃管缓慢、均匀且不停地沿同一个方向转动,使四周受热均匀。当玻璃管升温显黄色,且足够软化时,即从火焰上移除,稍等 1～2 s,然后逐步完成所需的角度。为了维持管径的大小不变,首先,玻璃管在火焰中加热时,两手尽量不要产生向外的拉力;其次,可在完成角度之后在管口轻轻吹气(不能过猛!)。较小的角度可以分几次弯成,先弯成 120°左右,待玻璃管稍冷后,再加热弯成较小的角度,如图2-9所示。但玻璃管受热的位置较第一次受热的位置稍微偏左或偏右一些。弯好的玻璃管从整体上看应处在同一平面上,然后放在石棉网上自然冷却,不能立即与冷的物体(如瓷砖板等)相接触,因为骤冷会使弯好的玻璃管破裂。也不可直接放在实验台上,以免烫坏台面。

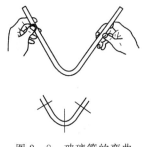
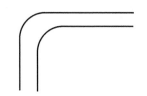

图 2-8 玻璃管的弯曲   图 2-9 弯好的玻璃管形状

3.玻璃管的拉细

两肘搁在桌面上,两手执玻璃管两端,掌心相对。将要拉细的中间部分放在灯的氧化焰上加热,并不停地沿同一方向旋转。待玻璃管烧成红黄色时从火焰中移出,两肘仍在桌面上,两手平稳地沿着水平方向拉伸玻璃管,使玻璃管的内径拉细到约为 1 mm 或所需规格为止(不可拉断,拉断的管壁常显薄)。右手垂直持玻璃管的一端,使玻璃管和毛细管下垂一会儿,然后放下。冷却后,在细的地方用小三角钢锉划一痕迹后折断玻璃管,并使断口熔光,形成两个滴管,其余为毛细管。

4.玻璃管插入塞子的方法

先选好管径较小的一端或甘油润湿的玻璃管的一端(插入温度计时即为水银部分),然后左手执钻好的塞子(软木塞或橡皮塞),右手握玻璃管,稍稍用力转动逐渐插入。必须注意,首先右手执玻璃管的位置与塞子的距离最好保持在 4 cm 左右,不能太远;其次,用力不能太大,以免折断玻璃管而刺伤手掌,最好用抹布包住玻璃管。插入或拔出弯管时,手不能握住玻璃管弯曲的地方。

思考题

　　1.选用塞子时应注意什么? 塞子钻孔时怎样操作的? 塞子钻孔时,应如何选择钻孔器口径的大小?

　　2.用小三角钢锉在玻璃管上锉痕时不能来回锉,为什么?

　　3.把玻璃管插入塞子孔道时要注意些什么? 怎样才能不会划破手?

2.2　有机化合物的分离和提纯

2.2.1　蒸馏

一、常压蒸馏

(一)实验目的

掌握常量蒸馏的基本操作方法。

(二)实验原理

利用蒸馏可将沸点相差较大(如相差 30℃)的液态混合物分开。蒸馏就是将液态物质加热到沸腾变为蒸气,又将蒸气冷凝为液体这两个过程的联合操作。如蒸馏沸点差别较大的液体时,沸点最低的先蒸出,沸点较低的随后蒸出,不挥发的留在蒸馏器内,以达到分离和提纯的目的。故蒸馏为分离和提纯液态有机化合物常用的方法之一,是重要的基本操作,必须熟练掌握。但在蒸馏沸点比较接近的混合物时,各种物质的蒸气将同时蒸出,只不过低沸点的多一些,故难以达到分离和提纯的目的,只好借助于分馏。纯液态有机化合物在蒸馏过程中沸点范围很小(0.5~1℃),所以,可以利用蒸馏来测定沸点,用蒸馏法测定沸点的方法叫常量法,此法用量较大,要 10 mL 以上,若样品不多,可采用微量法。

为了消除在蒸馏过程中的过热现象和保证沸腾的平稳状态,常加入素烧瓷片或沸石,或一端封口的毛细管,因为它们都能防止加热时的暴沸现象,故把它们叫作止暴剂。

在加热蒸馏前就应加入止暴剂。当加热后发觉未加止暴剂或原有止暴剂失效时,千万不能匆忙地投入止暴剂。因为当液体在沸腾时投入止暴剂,将会引起猛烈的暴沸,液体易冲出瓶口,若是易燃的液体,将会引起火灾。所以,应使沸腾的液体冷却至沸点以下后才能加入止暴剂。切记:如蒸馏中途停止,而后来又需要继续蒸馏,也必须在加热前补添新的止暴剂,以免出现暴沸。

蒸馏操作是有机化学实验中常用的实验技术,一般用于以下几方面:

(1)分离液体混合物,仅对混合物中各成分的沸点有较大差别时才能达到有效的分离;

(2)测定化合物的沸点;

(3)提纯,除去不挥发的杂质;

(4)回收溶剂,或蒸出部分溶剂以浓缩溶液。

(三)实验仪器

圆底烧瓶 1 只,蒸馏头 1 只,螺口接头 1 只,150℃温度计 1 支,直形冷凝管 1 支,接引管 1 支,锥形瓶 1 只。

(四)实验步骤

1.蒸馏装置的安装

实验室的蒸馏装置主要包括下述三部分。

(1)蒸馏烧瓶。蒸馏烧瓶为容器,液体在瓶内受热汽化,蒸气经支管进入冷凝管。支管与冷凝管靠单孔塞子相连,支管伸出塞子外 2～3 cm。

(2)冷凝管。蒸气在冷凝管中冷凝成为液体,液体的沸点高于 130℃的用空气冷凝管,低于 130℃时用直形冷凝管。液体沸点很低时,可用蛇形冷凝管,该蛇形冷凝管要垂直装置,冷凝管下端侧管为进水口,用橡皮管接自来水龙头,上端的出水口套上橡皮管导入水槽中。上端的出水口应向上,才可保证套管内充满水。

(3)接收器。接收器常用接引管和三角烧瓶或圆底烧瓶,应与外界大气相通。

图 2-10 所示为用普通玻璃仪器装配的蒸馏装置,图 2-1 所示为用标准磨口仪器装配的蒸馏装置。

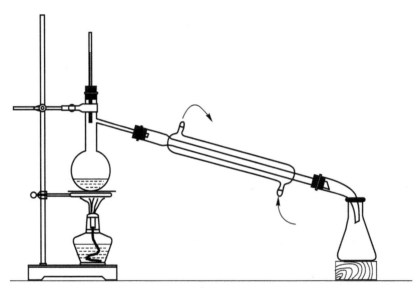

图 2-10　蒸馏装置(普通玻璃仪器)

仪器安装顺序:先下后上,先左后右。卸仪器与其顺序相反。蒸馏装置的安装顺序如下:

(1)把温度计插入螺口接头中,螺口接头装配到蒸馏头上磨口。调整温度计的位置,务使在蒸馏时它的水银球能完全被蒸气包围,这样才能正确地测量出蒸气的温度。通常水银球的上端应恰好位于蒸馏头支管的底边所在的水平线上。

(2)在铁架台上,首先固定好圆底烧瓶的位置,装上蒸馏头,以后再装其他仪器时,不宜再调整圆底烧瓶的位置。在另一铁架台上,用铁夹夹住冷凝管的中上部分,调整铁架台与铁夹的位置,使冷凝管的中心线和蒸馏头支管的中心线成一直线。移动冷凝管,把蒸馏头的支管和冷凝管严密地连接起来;铁夹应调节到正好夹在冷凝管的中央部位。再装上接引管和接收器。在蒸馏挥发性小的液体时,也可不用接引管。在同一实验桌上安装几套蒸馏装置且相互间的距离较近时,每两套装置的相对位置必须是圆底烧瓶对圆底烧瓶,或是接收器对接收器;避免使一套装置的圆底烧瓶与另一套装置的接收器紧密相邻,这样有着火的危险。

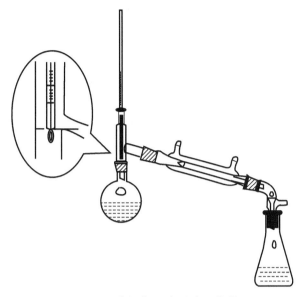

图 2-11　蒸馏装置(标准磨口仪器)

如果蒸馏出的物质易受潮分解,可在接引管上连接一个氯化钙干燥管,以防湿气的侵入;如果蒸馏的同时还放出有毒气体,则尚需装配气体吸收装置。如果蒸馏出的物质易挥发、易燃或有毒,则可在接收器上连接一长橡皮管,通入水槽的下水管内或引出室外。

整套仪器要做到准确端正,不论从侧面看还是从正面看,各个仪器的中心线都要在一直线上。

2. 蒸馏操作

(1)加料。把长颈漏斗放在蒸馏烧瓶口,经漏斗加入待蒸馏的液体(本实验用 30 mL 苯或乙醇),或者沿着面对支管的瓶颈壁小心地加入,否则,液体会从支管流出。加入数粒沸石,然后将带有温度计的塞子塞在蒸馏烧瓶口上,再仔细检查一遍装置是否正确,各仪器之间的连接是否紧密,有没有漏气[1]。

(2)加热。加热前,先向冷凝管缓缓通入冷水,把上口流出的水引入水槽中。接着加热,最初宜用小火,以免蒸馏烧瓶因局部受热而破裂;慢慢增大火力使之沸腾,进行蒸馏。然后调节火焰或调整加热电炉的电压[2],使蒸馏速度以 1~2 滴馏出液/s 自接引管滴下为宜。在蒸馏过程中,应使温度计水银球常有被冷凝的液滴湿润,此时温度计的读数就是被蒸馏液体的沸点。收集所需温度范围的馏出液。

如果维持原来的加热程度,不再有馏出液蒸出而温度又突然下降时,就应停止蒸馏,即使杂质量很少,也不能蒸干。否则,可能会发生意外事故。

蒸馏完毕,先停止加热,后停止通水,拆卸仪器,其程序与装配时相反,即按次序取下接收器、接引管、冷凝管和蒸馏烧瓶。

样品:蒸馏法用无水乙醇或纯苯;微量法用纯苯。

注释

[1]所用的软木塞不能漏气,以免在蒸馏过程中有蒸气渗漏而造成产物的损失,以致发生火灾。

[2]蒸馏易挥发和易燃的物质,不能用明火。否则易引起火灾,故要用热浴。

思考题

1.在进行蒸馏操作时从安全和效果两方面来考虑,应注意哪些问题?

2.在蒸馏装置中,把温度计水银球插至液面上或者在蒸馏烧瓶支管口上,是否正确?为什么?

3.将待蒸馏的液体倾入蒸馏烧瓶中时,不使用漏斗行吗?如果不用漏斗,应该怎样操作?

4.蒸馏时放入止暴剂为什么能防止暴沸?如果加热后才发觉未加入止暴剂,应该怎样处理才安全?

5.当加热后有馏出液出来时,才发现冷凝管未通水,请问能否马上通水?如果不行,应怎么办?

6.向冷凝管通水是由下而上,反过来效果怎样?把橡皮管套进冷凝管侧管时,怎样才能防止折断其侧管?

7.如果加热过猛,测定出来的沸点是否正确?为什么?

二、减压蒸馏

(一)实验目的

(1)了解减压蒸馏的原理和应用。

(2)掌握减压蒸馏仪器的安装和操作。

(二)实验原理

由于液体的沸点随外界压力的降低而降低,如果用真空泵连接盛有液体的容器使液体表面上的压力降低,液体的沸点就会降低。这种在较低压力下进行蒸馏的操作称为减压蒸馏。

许多有机化合物若用常压蒸馏,往往在达到沸点之前就会受热分解、氧化或聚合。因而,要分离和提纯这些有机化合物,则需采用减压蒸馏的方法。大多数高沸点有机化合物,当压力降低到 2.66 kPa 时,其沸点要比常压(101.3 kPa)下的沸点低 100~120℃。

(三)实验仪器

蒸馏烧瓶 1 只,毛细管 1 支,圆底烧瓶 1 只,水浴锅 1 只,安全瓶 1 只,水泵 1 台,100℃温度计 1 支,直形冷凝管 1 支,水银压力计 1 支。

(四)实验操作

1.减压蒸馏装置

减压蒸馏装置由蒸馏、抽气(减压)、保护系统和测压 4 部分组成,如图 2 - 12 所示。

(1)蒸馏部分。图 2 - 12 中 A 是蒸馏瓶,C 是克莱森(Claisen)蒸馏头,有两个颈,其目的是为了避免减压蒸馏时瓶内液体由于沸腾而冲入冷凝管中。瓶的侧颈中插入温度计,主颈中插入一根毛细管 D,其长度恰好使其下端距瓶底 1～2 mm[1]。毛细管上端有一段带螺旋夹的橡皮管,螺旋夹用来调节进入空气的量,使极少量的空气进入液体,呈微小气泡冒出,作为液体沸腾的汽化中心,以保证蒸馏平稳进行。接收器用圆底烧瓶或抽滤瓶,但不可用平底烧瓶或锥形瓶。

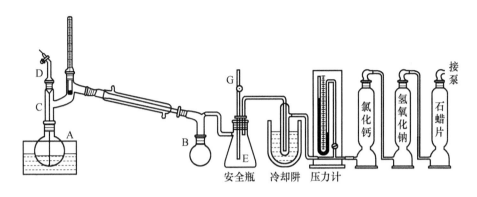

图 2 - 12　减压蒸馏装置

(2)抽气部分。实验室常用水泵或油泵进行减压。

水泵是用玻璃或金属制成,其效能与构造、水压及水温有关。水泵所能达到的最低压力为当时室温下的水蒸气压。

油泵的减压效能比水泵要高得多。油泵的效能取决于油泵的机械结构以及油的品质。好的油泵可将减压蒸馏系统抽至 0.266～0.533 kPa 的低压。

(3)保护及测压装置部分。安装时在泵前还应接上一个安全瓶,瓶上的两通旋塞 G 供调节系统压力及放气之用。安全瓶的作用是使仪器装置内的压力不发生突然变化,以及防止泵油或水被吸入接收瓶中。

用油泵抽气时,应防止有机溶剂、酸性介质和水汽进入油泵降低抽气效能。为此,必须在接收器与油泵之间顺次安装几个吸收塔:一个装石蜡片以吸收挥发性烃类气体;另一个装固体氢氧化钠以吸收酸性气体和水汽;再一个装无水氯化钙或浓硫酸以吸收水汽,如图 2 - 12 所示。

减压系统的压力常用水银压力计测量。水银压力计有两种:一种为开口式,另一种为封闭式。图 2 - 12 中为封闭式水银压力计,其两臂水银面高度之差即为系统中的真空度。减压蒸馏的整个系统必须保持密封。

2.操作步骤

(1)将仪器按图 2 - 12 安装好。检查装置的气密性。

(2)往蒸馏瓶中加入占其容量 1/3～1/2 的蒸馏物质。

(3)关闭水银压力计的旋塞,旋紧毛细管上的螺旋夹,打开安全瓶上的旋塞[2]。

(4)开动水泵或油泵抽气。

(5)逐渐关闭安全瓶旋塞,慢慢调节毛细管上的螺旋夹,以液体中有连续平稳的小气泡冒出为宜。

(6)当压力已减至所需压力时,开启冷凝水。把烧瓶至少 2/3 浸入水浴或油浴内加热蒸馏,随时调节螺旋夹,使进入毛细管的空气量能保证液体平稳沸腾。

(7)当液体开始沸腾时,调节热源温度(一般比待馏出液的沸点高 20～30℃)使馏出液流出的速度控制在 1～2 滴/s。

在蒸馏过程中,应经常注意蒸馏情况和记录压力、沸点等数据。

蒸馏完毕(或蒸馏过程中需要中断)时,先撤出热源,再慢慢打开螺旋夹,并缓慢打开安全瓶上的旋塞(若空气进入太快,水银计很快上升,有冲破测压计的可能),使系统内外压力平衡后方可关闭油泵或水泵。

3.减压蒸馏苯胺

按上述方法将苯胺粗品进行减压蒸馏。

注释

[1]毛细管可起到沸腾中心点和搅拌作用,所以一定要插入液体中,并尽量接近圆底烧瓶底部。

[2]旋紧螺旋夹,打开安全瓶上的二通旋塞,然后开泵抽气,逐渐关闭二通旋塞,系统压力能达到所需真空度且保持不变,说明系统密闭。若压力有变化,说明有漏气,再分别检查各连接处是否漏气,必要时可在磨口接口处涂少量真空密封脂。

思考题

1.某些有机物为什么必须采用减压蒸馏的方法进行分离、提纯?

2.开始减压蒸馏时,为什么先抽气再加热?结束时为什么要先移开热源再停止抽气?顺序可否颠倒?为什么?

三、水蒸气蒸馏

(一)实验目的

(1)了解水蒸气蒸馏的原理。

(2)通过苯胺的提纯掌握水蒸气蒸馏的基本操作。

(二)实验原理

水蒸气蒸馏法是分离和提纯有机化合物的常用方法之一,尤其是在反应产物中混有大量树脂状杂质的情况下,水蒸气蒸馏效果较普通蒸馏或重结晶好。应用该方法时,对被提纯物有以下要求:

(1)不溶或难溶于水;

(2)与水共沸时不发生化学反应;

(3)在 100℃左右时必须具有一定的蒸气压(一般不小于 1.33 kPa)。

根据道尔顿分压定律,当与水不相混溶的物质和水共存时,整个系统的蒸气压应为各组分蒸气压之和,即

$$p = p_A + p_{H_2O}$$

式中,p 为体系的总蒸气压;p_A 为与水不相混溶物质 A 的蒸气压;p_{H_2O} 为水的蒸气压。当 p 等于外界大气压时的温度即为共沸点。此共沸点较任一组分单独存在时的沸点都低。因此,在常压下用水蒸气蒸馏,就能在低于 100℃的温度下将高沸点物质和水一起安全地蒸馏出来。

蒸馏过程中混合物的沸点保持不变,直至其中一组分几乎完全移去,温度才上升至留在瓶中液体的沸点。

根据理想气体状态方程:$pV=nRT$,在一定容积(V)和温度(T)下,混合物蒸气中各气体分压之比(p_A,p_{H_2O})等于它们物质的量之比。即

$$\frac{p_A}{p_{H_2O}}=\frac{n_A}{n_{H_2O}}$$

$$n_A=\frac{m_A}{M_A},\quad n_{H_2O}=\frac{m_{H_2O}}{M_{H_2O}}$$

$$\frac{m_A}{m_{H_2O}}=\frac{M_A n_A}{M_{H_2O} n_{H_2O}}=\frac{M_A P_A}{M_{H_2O} P_{H_2O}}$$

可见,馏出液中有机物的质量(m_A)与水的质量(m_{H_2O})之比与它们的蒸气压和摩尔质量之乘积成正比。

若已知被提纯物与水的共沸温度以及水在此温度下的分压,就可以计算出馏出液中被提纯物与水的质量之比。

例如,苯胺的沸点为 184.4℃,苯胺和水的混合物用水蒸气蒸馏时,其共沸温度为 98.4℃,在此温度下水的蒸气压为 95.73 kPa,苯胺的蒸气压是 5.60 kPa,苯胺的摩尔质量是 93.0 g·mol⁻¹,所以馏出液中苯胺与水的质量之比为

$$m_{苯胺}/m_{水}=93.0\times5.60/18.0\times95.73\approx0.3$$

苯胺微溶于水,导致水的蒸气压降低,实际得到的比例比计算值要低一些。

(三)实验仪器及药品

(1)仪器:铜制水蒸气发生器 1 套,T 形管 1 只,100 mL 圆底烧瓶 1 只,蒸馏头 1 支,冷凝管 1 支,接引管 1 支,250 mL 锥形瓶 1 只,60～80 cm 玻璃管(内径为 0.5 cm)1 支,螺旋夹 1 只,分液漏斗 1 只。

(2)药品:苯胺粗品。

(四)实验操作

1.水蒸气蒸馏装置

水蒸气蒸馏装置由水蒸气发生器和普通蒸馏装置两部分组合而成,如图 2-13 所示。

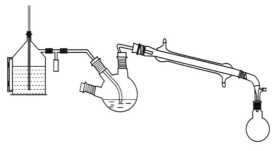

图 2-13　水蒸气蒸馏装置

水蒸气发生器一般是用金属制成(或用短颈圆底烧瓶代替)。使用时在发生器内加入 2/3 容积的水,在发生器的上口通过塞子插入一根内径约为 0.5 cm、长约 80 cm 的玻璃管作为安

全管,管子的下端接近发生器底部,距底部 1 cm 左右。发生器的蒸气导出口通过 T 形管与蒸馏部分的蒸气导入管相连。在 T 形管的支管上套一段短橡皮管,用螺旋夹夹住。蒸气导入管下端尽量接近蒸馏烧瓶底部。

2.操作方法

在水蒸气发生器中加入容积 2/3 的水,将蒸馏物倒入三口烧瓶,其量不得超过烧瓶容积的 1/3。检查装置是否漏气。开始蒸馏前先将螺旋夹打开,加热水蒸气发生器至水沸腾,当 T 形管的支管有水蒸气冲出时,把夹子夹紧,让水蒸气均匀地通入圆底烧瓶中,这时烧瓶内的混合物开始翻滚沸腾,不久有机物和水的混合物蒸气经过冷凝管冷凝成乳浊液进入接收器,控制馏出速度 2~3 滴/s。在蒸馏过程中若因水蒸气冷凝而使蒸馏瓶内液体量增加,以至超过烧瓶容积的 2/3,或者蒸馏速度较慢时,可将蒸馏烧瓶隔石棉网加热。但要注意瓶内液体的沸腾现象,沸腾厉害时,要停止加热。在蒸馏过程中,还需注意安全管水位是否正常、蒸馏瓶内混合物是否飞溅厉害或倒吸。若出现此现象应立即打开螺旋夹,然后移去热源,找出故障原因,排除故障再继续加热。当馏出液澄清透明不再有油状物时,即可停止蒸馏,先打开螺旋夹,使体系通大气,然后再停止加热。当馏出液倒入分液漏斗[1]里,分出油层置于小锥形瓶中,加入适量干燥剂干燥,振荡直至透明,滤去干燥剂,称量或者量取体积。实验完毕,拆卸、清洗仪器。

3.苯胺[2]的水蒸气蒸馏

用上述水蒸气蒸馏方法提纯苯胺。

注释

　　[1]在使用分液漏斗前应先检查分液漏斗的塞子和旋塞是否紧密配套。如果配套不漏水,擦干旋塞,在旋塞孔的上下方分别涂一圈凡士林(少量),注意不要抹在旋塞孔中,然后插上旋塞,反时针旋转至均匀透明即可使用。分液漏斗用后,应用水冲洗干净,玻璃塞用薄纸包裹后塞回。使用分液漏斗时应注意:①不能把旋塞上附有凡士林的分液漏斗放在烘箱内烘干;②不能用手拿分液漏斗的下端;③不能用手拿分液漏斗分离液体;④上口的玻璃塞打开后才能开启旋塞;⑤上层的液体从漏斗口倒出,下层的液体从漏斗脚放出。

　　[2]苯胺有毒,操作时应避免与皮肤接触或吸入苯胺蒸气。若不慎触及皮肤,先用水冲洗,再用肥皂洗。

思考题

　　1.本实验为何选用水蒸气蒸馏法提纯苯胺?

　　2.本实验中安全管和 T 形管各起什么作用?

　　3.停止水蒸气蒸馏的操作顺序是什么?为什么?

2.2.2　萃取与洗涤

萃取和洗涤是利用物质在不同溶剂中的溶解度不同来进行分离和提纯的一种操作。萃取和洗涤的原理相同,只是目的不同。如果从混合物中提取的是所需要的物质,这种操作称为萃取;如果是除去杂质,这种操作就叫作洗涤。

1.液体物质的萃取(或洗涤)

液体物质的萃取(或洗涤)常在分液漏斗中进行。选择合适的溶剂可将产物从混合物中提取出来,也可用水洗去产物中所含的杂质。

分液漏斗的使用方法如下。

(1)使用前的准备。将分液漏斗洗净后,取下旋塞,用滤纸吸干旋塞及旋塞孔道中的水分,在旋塞上微孔的两侧涂上薄薄的一层凡士林,然后小心将其插入孔道并旋转几周,至凡士林分布均匀透明为止。在旋塞细端伸出部分的圆槽内,套上一个橡皮圈,以防操作时旋塞脱落。

关好旋塞,在分液漏斗中装上水,观察旋塞两端有无渗漏现象,再打开旋塞,看液体是否能通畅流下,然后,盖上顶塞,用手指抵住,倒置漏斗,检查其严密性。在确保分液漏斗旋塞关闭时严密、旋塞开启后畅通的情况下方可使用。使用前须关闭旋塞。

(2)萃取(或洗涤)操作。由分液漏斗上口倒入溶液与溶剂,盖好顶塞。为使分液漏斗中的两种液体充分接触,用右手握住顶塞部位,左手持旋塞部位(旋柄朝上)倾斜漏斗并振摇,以使两层液体充分接触,如图 2 - 14 所示。振摇几下后,应注意及时打开旋塞,排出因振荡而产生的气体。若漏斗中盛有挥发性的溶剂或用碳酸钠中和酸液时,更应注意排放气体。反复振摇几次后,将分液漏斗放在钢圈中静置分层。

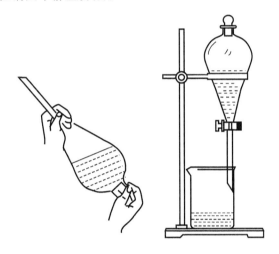

图 2 - 14　萃取操作及分离两相液体

(3)两相液体的分离操作。当两层液体界面清晰后,便可进行分离液体的操作。先打开顶塞(或使顶塞的凹槽对准漏斗上口颈部的小孔,使漏斗与大气相通),再把分液漏斗下端靠在接收器的内壁上,然后缓慢旋开旋塞放出下层液体。当液面间的界线接近旋塞处时,暂时关闭旋塞,将分液漏斗轻轻振摇一下,再静置片刻,使下层液聚集的多一些,然后打开旋塞,仔细放出下层液体。当液面间的界线移至旋塞孔的中心时,关闭旋塞。最后把漏斗中的上层液体从上口倒入另一个容器中。

通常,把分离出来的上下两层液体都保留到实验完毕,以便操作发生错误时,进行检查和补救。

分液漏斗使用完毕后,用水洗净,擦去旋塞和孔道中的凡士林,在顶塞和旋塞处垫上纸条,以防久置粘牢。

2.固体物质的萃取

固体物质的萃取在索氏提取器中进行。索氏提取器主要由圆底烧瓶、提取器和冷凝管等三部分组成,如图 2-15 所示。

使用时,先在圆底烧瓶中装入溶剂(一般不宜超过其容积的 1/2)。将固体样品研细放入滤纸套筒内,封好上下口,置于提取器中按图 2-15 安装好装置器后,对溶剂进行加热。溶剂受热沸腾时,蒸气通过蒸气上升管进入冷凝管内,被冷却为液体,滴入提取器中,浸泡固体并萃取出部分物质,当溶剂液面超过虹吸管的最高点时,即虹吸流回烧瓶。这样循环往复,利用溶剂回流和虹吸作用,使固体中可溶物质富集到烧瓶中,然后再用适当方法除去溶剂,得到要提取的物质。

在选择萃取溶剂时,要注意溶剂在水中的溶解度大小,以减少在萃取(或洗涤)时的损失。

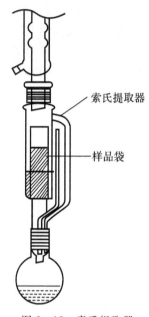

索氏提取器

样品袋

图 2-15 索氏提取器

2.2.3 色谱分离技术

色谱分离技术是 20 世纪初在研究植物色素时发现的一种分离方法,借以分离和鉴定一些结构和性质相近的有机有色物质,色层(谱)一词由此得名。长期以来,经过不断改进,已成功地发展成为多种类型的色谱分离分析方法,成为化学工作者的有力工具。色谱分离技术提供了数目浩繁、用一般方法难以分离的有机化合物的分离提纯方法及定性鉴别和定量分析的数据,还可用于化合物纯度的鉴定和化学反应进程的跟踪。目前已用于反应体的分离。

与经典的分离提纯手段相比,色谱法具有高效、灵敏、准确及简便等特点,已广泛用于有机化学、生物化学的科学研究和相关的化工生产等领域内。

色谱法按其操作不同,可分为薄层色谱、柱色谱、纸色谱、气相色谱和高效液相色谱;按其作用原理不同,又可分为吸附色谱、分配色谱、离子交换色谱和凝胶渗透色谱。常用的色谱法分类见表 2-1。

表 2－1　常用的色谱法分类

按操作方式 分类名称	流动相	固定相	分离原理	应用范围
气相色谱（GC）	气体	吸附剂	吸附	快速分离分析微量气、液和固体,跟踪反应。不能用于不易挥发固体和对热不稳定的化合物
		固定液	分配	
柱色谱	液体	吸附剂	吸附	分离和纯化含有各类官能团的有机化合物
		固定液	分配	适用于离子型物质的分离,如生物碱、氨基酸、酸碱和盐类
		离子交换树脂	离子交换	
薄层色谱（TLC）	液体	吸附剂	吸附	分离和纯化不易挥发的固体和液体,跟踪反应
		固定液	分配	
		离子交换树脂	离子交换	适用于离子型物质的分离,如生物碱、氨基酸、酸碱和盐类
纸色谱	液体	水或固定相	分配	用于氨基酸、有机染料等分析
高效液相色谱 （HPLC）	液体	吸附剂	吸附	适用范围与柱色谱一样广泛,且具有分离速度快、分离效能高和灵敏度高的特性
		固定液	分配	
		凝胶	凝胶渗透	

　　色谱法分离的基本原理,是利用混合物各组分在固定相和流动相中分配平衡常数的差异。简单地说,当流动相经过固定相时,由于固定相对各组分的吸附或溶解性能不同,使吸附力较弱或溶解度较小的组分在固定相中移动速度较快,再多次反复平衡过程中导致各组分在固定相中形成了分离的"色带",从而得到分离。

一、薄层色谱

　　薄层色谱(thin layer chromatography),常用 TLC 表示,是一种微量、快速和简便的色谱方法,可用于分离混合物和精制化合物。它展开时间短(几分钟就可达到分离目的),分离效率高(可达到 $300\sim4\,000$ 块理论塔板数),需要样品少(几到几十微克甚至 $0.01~\mu g$)。如果将吸附层加厚,样品点成一条线时,又可用制作色谱,分离多达 500 mg 的样品,用于精制样品。特别适用于挥发性较小或较高温度易发生变化而不能用于气相色谱分析的物质。

　　常用的薄层色谱有吸附色谱和分配色谱两类。一般能用硅胶或氧化铝薄层色谱分开的物质,也能用硅胶或氧化铝柱色谱分开;凡能用硅藻土和纤维素做支持剂的分配色谱柱能分开的物质,也可以分别用硅藻土和纤维素薄层色谱展开,因此薄层色谱常用作柱色谱的先导。薄层色谱是在干净的玻璃板(10 cm×3 cm)上均匀涂抹一层吸附剂或支持剂,待干燥、活化后将样品溶液用管口平整的毛细管滴加于离薄层板一端约 1 cm 处的起点线上,晾干或吹干后置薄层板于盛有展开剂的展开槽内,进入深度为 0.5 cm。待展开剂前沿离顶端 1 cm 附近时,将色谱板取出,干燥后喷以显色剂,或在紫外灯下显色。记录原点至主斑点中心及展开剂前沿的距离,计算 R_f 值,有

$$R_f = \frac{\text{溶质的最高浓度中心至原点中心的距离}}{\text{溶剂前沿至原点中心的距离}}$$

良好的分离,R_f值应在 0.15~0.75 之间,否则应更换展开剂重新展开。

1. 薄层色谱的吸附剂和支持剂

最常用的薄层吸附色谱的吸附剂是氧化铝和硅胶,分配色谱的支持剂为硅藻土和纤维素。硅胶是无定型多孔性物质,略具酸性,适用于酸性物质的分离和分析。薄层色谱用的硅胶分为"硅胶 H"——不含黏合剂,"硅胶 G"——含煅石膏黏合剂,"硅胶 HF254"——含荧光物质,可用于波长 254 nm 紫外光下观察荧光,"硅胶 GF254"——既含煅石膏又含荧光剂等类型。与硅胶相似,氧化铝也因含黏合剂和荧光剂而分为氧化铝 G、氧化铝 GF254 及氧化铝 HF254。

黏合剂除上述的煅石膏外,还可用淀粉及羧甲基纤维素钠(CMC)等。其中以羧甲基纤维素钠的效果较好,一般先将羧甲基纤维素钠放在少量水中浸泡,配成 0.5%~1% 的溶液,经 3 号砂芯漏斗过滤即得可供使用的澄清溶液。通常将薄层板按加黏合剂和不加黏合剂分为两种,加黏合剂的薄层板称为硬板,不加黏合剂的称为软板。

氧化铝的极性比硅胶大,比较适用于分离极性较小的化合物(烃、醚、醛、酮、卤代烃等),因为极性化合物被氧化铝较强烈地吸附,分离较差,R_f 值较小;相反,硅胶适用于分离极性较大的化合物(羧酸、醇以及胺等),而非极性化合物在硅胶板上吸附较弱,分离较差,R_f 值较大。

薄层板制备的好坏直接影响层析的效果,薄层应尽量均匀且厚度(0.25~1 mm)要一致,否则,在展开时溶剂前沿不齐,层析结果也不易重复。

薄层色谱分为"干板"和"湿板"。干板在涂层时不加水,一般用氧化铝做吸附剂时使用。这里主要介绍湿板,制法有两种。

(1)平铺法:取 3 g 硅胶与 6~7 mL 0.5%~1% 的羟甲基纤维素钠的水溶液在烧杯中调成糊状物,铺在清洁干燥的载玻片上,用手轻轻在玻璃片上来回摇振,使表面均匀平滑,室温晾干后进行活化。

(2)浸渍法:把两块干净玻璃片背靠背贴紧,浸入调好的吸附剂中,取出后分开、晾干。

2. 薄层板的活化

把涂好的薄层板置于室温晾干后,放在烘箱内加热活化,活化条件根据需要而定。硅胶板一般在烘箱中渐渐升温,维持 105~110℃ 活化 30 min。氧化铝板 200℃ 下烘 4 h 可得活性Ⅱ级的薄层,150~160℃ 下烘 4 h 可得活性Ⅲ~Ⅳ级的薄层。

3. 点样

通常将样品溶于低沸点溶剂,根据使用的固定相配成 0.5%~5% 溶液,用内径小于 1 mm 管口平整的毛细管点样。点样前,先用铅笔在距薄层板一端 1 cm 处轻轻画一横线作为起始线,然后用毛细管吸取样品,在起始线上小心点样,斑点直径不超过 2 mm,因溶液太稀,一次点样往往不够,如需重复点样,则应待前次点样的溶剂挥发后方可重点,以防样点过大,造成拖尾、扩散等现象,影响分离效果。

4. 展开

展开剂的选择:选择合适的展开剂对薄层色谱至关重要。展开剂的选择主要根据样品的极性、溶解度和吸附剂的活性等因素来考虑。溶剂极性越大,对化合物的展开能力越强。

展开操作:薄层色谱展开在密闭器中进行。

5.显色

薄层展开后,如果样品是有色的,可以直接观察到分离的过程。然而许多化合物是无色的,这就存在一个显色问题,常用的显色方法有以下几种。

(1)碘熏显色:最常用的显色剂为碘,它与许多有机化合物形成褐色的配合物。方法是将几粒碘置于密闭的容器中,待容器充满碘的蒸气后,将展开后干燥的层析板放入,碘与展开后的有机化合物可逆结合,在几秒到几分钟内化合物的斑点位置呈褐色。

(2)紫外灯显色:如果样品本身是发荧光性的物质,可以在紫外灯下,观察斑点所呈现的荧光。对于不发荧光的样品,可用荧光剂的层析板在紫外灯下观察,展开后的有机化合物在亮的荧光背景下呈暗色斑点。

(3)喷显色剂:非荧光性物质也可用喷雾器以适当的显色剂(如浓硫酸、三氯化铁水溶液等显色剂)使斑点呈现颜色。喷雾时,为使薄层不受损失,显色剂雾滴要小,并且喷雾均匀。

二、柱色谱

柱色谱又称柱上层析法,简称柱层析,它是提纯少量物质的有效方法。常见的有吸附色谱、分配色谱和离子交换色谱。吸附色谱常用氧化铝和硅胶作为吸附剂,填装在柱中的吸附剂将混合物中各组分先从溶液中吸附到其表面上,而后用溶剂洗脱。溶剂流经吸附剂时发生无数次吸附和脱附的过程,由于各组分被吸附的程度不同,吸附强的组分移动慢留在柱的上端,吸附弱的组分移动快在柱的下端,从而达到分离的目的。分配色谱与液-液连续萃取法相似,它是利用混合物中各组分在两种互不相溶的液相间的分配系数不同而进行分离,常以硅胶、硅藻土和纤维素作为载体,以吸附的液体作为固定相。离子交换色谱是基于溶液中的离子与离子交换树脂表面的离子之间的相互作用,使有机酸、碱或盐类得到分离。

1.吸附剂

根据待分离组分的结构和性质选择合适的吸附剂是分离成败的关键。

吸附剂的要求:一种合适的吸附剂,一般应满足下列几个基本要求。

(1)与样品组分和洗脱剂都不会发生任何化学反应,在洗脱剂中也不会溶解。

(2)对待分离组分能够进行可逆的吸附,同时具有足够的吸附力,使组分在固定相与流动相之间能最快地达到平衡。

(3)颗粒形状均匀,大小适当,以保证洗脱剂能够以一定的流速(一般为 $1.5 \mathrm{~mL} \cdot \mathrm{min}^{-1}$)通过色谱柱。

(4)材料易得,价格便宜且是无色的,以便于观察。可用于吸附剂的物质有氧化铝、硅胶、聚酰胺、硅酸镁、滑石粉、氧化钙(镁)、淀粉、纤维素、蔗糖和活性炭等。其中有些对几类物质分离效果较好,而对其他大多数化合物不适用。

以下介绍几种常见吸附剂。

(1)氧化铝:市售的层析用氧化铝有碱性、中性和酸性三种类型,粒度规格大多为 $100\sim150$ 目。

1)碱性氧化铝(pH $9\sim10$)适用于碱性物质(如胺、生物碱)和对酸敏感的样品(如缩醛、糖苷等),也适用于烃类、甾体化合物等中性物质的分离。但这种吸附剂能引起被吸附的醛、酮的缩合,酯和内酯的水解,醇羟基的脱水,乙酰糖的去乙酰化,维生素 A 和维生素 K 等的破坏等不良副反应。所以,这些化合物不宜用碱性氧化铝分离。

2)酸性氧化铝(pH 3.5~4.5)适用于酸性物质(如有机酸、氨基酸等)的分离。

3)中性氧化铝(pH 7~7.5)适用于醛、酮、醌、苷和硝基化合物以及在碱性介质中不稳定的物质(如酯、内酯)等的分离,也可以用来分离弱的有机酸和碱等。

(2)硅胶:硅胶是硅酸的部分脱水后的产物,其成分是 $SiO_2 \cdot xH_2O$,又叫缩水硅酸。柱色谱用硅胶一般不含黏合剂。

(3)聚酰胺:聚酰胺是聚己内酰胺的简称,商业上叫作锦纶、尼龙-6 或卡普纶。色谱用聚酰胺是一种白色多孔性非晶形粉末,它是用锦纶丝溶于浓盐酸中制成的。不溶于水和一般有机溶剂,易溶于浓无机酸、酚、甲酸及热的乙酸、甲酰胺和二甲基甲酰胺中。聚酰胺分子表面的酰氨基和末端胺基可以和酚类、酸类、醌类、硝基化合物等形成强度不等的氢键,因此可以分离上述化合物,也可以分离含羟基、氨基、亚氨基的化合物及腈和醛等类化合物。

(4)硅酸镁:中性硅酸镁的吸附特性介于氧化铝和硅胶之间,主要用于分离甾体化合物和某些糖类衍生物。为了得到中性硅酸镁,用前先用稀盐酸,然后用醋酸洗涤,最后用甲醇和蒸馏水彻底洗涤至中性。

吸附剂的活性取决于含水量的多少,最活泼的吸附剂含最少量的水。氧化铝的活性分为 I~V 五级,I 级的吸附作用太强,分离速度太慢,V 级的吸附作用太弱,分离效果不好。所以一般采用 II 或 III 级。多数吸附剂都容易吸水,使其活性降低,在使用时一般需经加热活化。

2.洗脱剂

样品吸附在氧化铝柱上后,用合适的溶剂进行洗脱,这种溶剂称为洗脱剂。洗脱剂的选择通常先用薄层色谱法进行探索,这样只需花较少的时间就能完成对溶剂的选择实验,然后将薄层色谱法找到的最佳溶剂或混合溶剂用于柱色谱。

层析的展开首先使用非极性溶剂,用来洗脱出极性较小的组分。然后用极性稍大的溶剂将极性较大的化合物洗脱下来。通常使用混合溶剂,在非极性溶剂中加入不同比例的极性溶剂,这样使极性不会剧烈增加,防止柱上"色带"很快洗脱下来。

3.操作方法

(1)装柱。色谱柱的大小规格由待分离样品的量和吸附难易程度决定。一般柱管的直径为 0.5~10 cm,长度为直径的 10~40 倍。填充吸附剂的量为样品重量的 20~50 倍,柱体高度应占柱管高度的 3/4,柱子过于细长或过于粗短都不好。装柱前,柱子应干净、干燥,并垂直固定在铁架台上。将少量洗脱剂注入柱内,取一小团玻璃毛或脱脂棉用溶剂润湿后塞入管中,用一长玻璃棒轻轻送到底部,适当捣压,赶出棉团中的气泡,但不能压得太紧,以免阻碍溶剂畅流(如管子带有筛板,则可省略该步操作)。再在上面加入一层约 0.5 cm 厚的洁净细砂,从对称方向轻轻叩击柱管,使砂面平整。

常用的装柱方法有干装法和湿装法两种。

1)干装法:在柱内装入 2/3 溶剂,在管口上放一漏斗,打开活塞,让溶剂慢慢地滴入锥形瓶中,接着把干吸附剂经漏斗以细流状倾泻到管柱内,同时用套在玻璃棒(或铅笔等)上的橡皮塞轻轻敲击管柱,使吸附剂均匀地向下沉降到底部。填充完毕后,用滴管吸取少量溶剂把黏附在管壁上的吸附剂颗粒冲入柱内,继续敲击管子直到柱体不再下沉为止。柱面上再加盖一薄层洁净细砂,把柱面上液层高度降至 0.1~1 cm,再把收集的溶剂反复循环通过柱体几次,便可得到沉降得较紧密的柱体。

2）湿装法：该方法与干装法类似，所不同的是，装柱前吸附剂需要预先用溶剂调成淤浆状，在倒入淤浆时，应尽可能连续均匀地一次完成。如果柱子较大，应事先将吸附剂泡在一定量的溶剂中，并充分搅拌后过夜（排除气泡），然后再装。无论是干装法，还是湿装法，装好的色谱柱应充填均匀，松紧适宜一致，没有气泡和裂缝，否则会造成洗脱剂流动不规则而形成"沟流"，引起色谱带变形，影响分离效果。

（2）加样。将干燥待分离固体样品称重后，溶解于极性尽可能小的溶剂中使之成为浓溶液。将柱内液面降到与柱面相齐时，关闭柱子。用滴管小心沿色谱柱管壁均匀地加到柱顶上。加完后，用少量溶剂把容器和滴管冲洗净并全部加到柱内，再用溶剂把黏附在管壁上的样品溶液淋洗下去。慢慢打开活塞，调整液面和柱面相平为止，关好活塞。如果样品是液体，可直接加样。

（3）洗脱与检测。将选好的洗脱剂沿柱管内壁缓慢地加入柱内，直到充满为止（任何时候都不要冲起柱面覆盖物）。打开活塞，让洗脱剂慢慢流经柱体，洗脱开始。在洗脱过程中，注意随时添加洗脱剂，以保持液面的高度恒定，特别应注意不可使柱面暴露于空气中。在进行大柱洗脱时，可在柱顶上架一个装有洗脱剂的带盖塞的分液漏斗或倒置的长颈烧瓶，让漏斗颈口浸入柱内液面下，这样便可以自动加液。如果采用梯度溶剂分段洗脱，则应从极性最小的洗脱剂开始，依次增加极性，并记录每种溶剂的体积和柱子内滞留的溶剂体积，直到最后一个成分流出为止。洗脱的速度也是影响柱色谱分离效果的一个重要因素：大柱一般调节在每小时流出的毫升数等于柱内吸附剂的克数；中小型柱一般以 1～5 滴/s 的速度为宜。

（4）洗脱液的收集。有色物质，按色带分段收集，两色带之间要另收集，可能两组分有重叠。对无色物质的接收，一般采用分等份连续收集，每份流出液的体积毫升数等于吸附剂的克数。若洗脱剂的极性较强，或者各成分结构很相似时，每份收集量就要少一些，具体数额要通过薄层色谱检测，视分离情况而定。现在，多数用分步接收器自动控制接收。

洗脱完毕，采用薄层色谱法对各收集液进行鉴定，把含相同组分的收集液合并，除去溶剂，便得到各组分的较纯样品。

三、纸色谱

纸色谱是将样品溶液点在滤纸上，通过层析而分开。与吸附色谱不同，纸色谱属于分配色谱的一种。纸色谱不以滤纸的吸附作用为主，而以滤纸作为载体，以吸附在滤纸上的水作为固定相，以含一定比例水的亲脂性较强的有机溶剂作为流动相。展开时，由于滤纸纤维的毛细管现象，溶剂在含水的滤纸上缓缓上升，流动相中的各成分在滤纸上受到两相溶剂的影响，产生了分配现象。亲脂性稍强的成分在移动相中分配得多，随流动相移动的速度会快些。相反，亲水性成分在固定相中分配得多些，因此随流动相移动得慢一些，从而得到分离。

纸色谱主要用于多官能团或高极性化合物（如糖类、氨基酸等）的分离和鉴定。其优点是便于保存，对于亲水性较强的化合物分离效果好。缺点是所费时间较长，一般需要数小时到数十小时。

纸色谱的点样、展开及显色与薄层色谱类似。

2.2.4　重结晶

从有机化学反应中制得的固体产物,常含有少量的杂质。除去这些杂质的最有效方法之一就是用适当的溶剂进行重结晶。

(一)实验原理

重结晶的一般过程是使待重结晶物质在较高的温度(接近溶剂沸点)下溶于合适的溶剂里;趁热过滤以除去不溶物质和有色的杂质(加活性炭煮沸脱色);将滤液冷却,使晶体从过饱和溶液里析出,而可溶性杂质仍留在溶液里;然后进行减压过滤,把晶体从母液中分离出来;洗涤晶体以除去吸附在晶体表面上的母液。

(二)溶剂的选择

正确选择溶剂对重结晶操作有很重要的意义。在选择溶剂时,必须考虑被溶解物质的成分和结构,结构相似的物质相容。例如,含羟基的物质一般都能或多或少地溶解在水里,高级醇(由于碳链的增长)在水里的溶解度就显著地减小,而在乙醇和碳氢化合物中的溶解度就相应地增大。

溶剂必须符合以下条件:

(1)不与重结晶的物质发生化学反应;

(2)在高温时,重结晶物质在溶剂中的溶解度较大,而在低温时很小;

(3)杂质的溶解度或是很大(待重结晶物质析出时,杂质仍留在母液内)或是很小(待重结晶物质溶解在溶剂里,借过滤除去杂质);

(4)容易和重结晶物质分离。

此外,也需适当地考虑溶剂的毒性、易燃性、价格和溶剂回收等因素。

常用的溶剂及其沸点见表2-2。

表2-2　常用的溶剂及其沸点

溶　剂	沸点/℃	溶　剂	沸点/℃	溶　剂	沸点/℃
水	100	乙酸乙酯	77	氯仿	61.7
甲醇	65	冰醋酸	118	四氯化碳	76.5
乙醇	78	二硫化碳	46.5	苯	80
乙醚	34.5	丙酮	56	粗汽油	90～150

为了选择合适的溶剂,除需要查阅化学手册外,有时还需要采用实验的方法。其方法是:取几个小试管,各放入约0.2 g待重结晶物质,分别加入0.5～1 mL不同种类的溶剂,加热到完全溶解,冷却后,能析出最多量晶体的溶剂,一般可认为是最合适的。如果固体物质在3 mL热溶剂中仍不能全溶,可以认为该溶剂不适用于重结晶。如果固体在热溶剂中能溶解,而冷却后,无晶体析出,这时可用玻璃棒在液面下的试管内壁上摩擦,可以促使晶体析出,若还得不到晶体,则说明此固体在该溶剂中的溶解度很大,这样的溶剂不适用于重结晶。如果物质易溶于某一溶剂而难溶于另一溶剂,且该两溶剂能互溶,那么就可以用二者配成的混合溶剂来进行实验。常用的混合溶剂有乙醇与水、甲醇与乙醚、苯与乙醚等。

(三)实验操作

1.固体的溶解

要使重结晶得到的产品纯且回收率高,溶剂的用量是关键,溶剂用量太大,会使待提纯物过多地留在母液中,造成损失;但用量太少,在随后的趁热过滤中又易析出晶体而损失掉,并且还会给操作带来麻烦。因此一般比理论需要量(刚好形成饱和溶液的量)多加 $10\%\sim20\%$ 的溶剂。

2.脱色

不纯的有机物常含有有色杂质,若遇到这种情况,常可向溶液中加入少量活性炭来吸附这些杂质,加入活性炭的方法是,待沸腾的溶液稍冷后加入,活性炭用量视杂质多少而定,一般为干燥的粗品重量的 $1\%\sim5\%$。然后煮沸 $5\sim10$ min,并不时搅拌以防暴沸。

3.热过滤

为了除去不溶性杂质和活性炭,需要趁热过滤。由于在过滤的过程中溶液的温度下降,往往导致结晶析出,因此常使用保温漏斗(热水漏斗)过滤。保温漏斗要用铁夹固定好,注入热水,并预先烧热。若是易燃的有机溶剂,应熄灭火焰后再进行热滤;若溶剂是不可燃的,则可煮沸后一边加热一边热滤。

为了提高过滤速度,滤纸最好折成扇形。具体折法如图 2-16 所示。

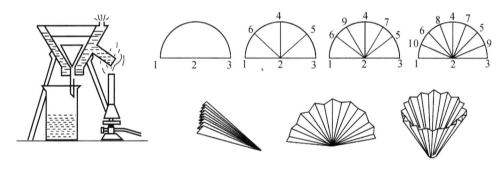

图 2-16　保温漏斗过滤及滤纸的折叠方法

将圆形滤纸对折,然后再对折成 1/4,以边 3 对边 4 叠成边 5,6,以边 4 对边 5 叠成边 7,以边 4 对边 6 叠成边 8,依次以边 1 对边 6 叠成边 10,以边 3 对边 5 叠成边 9,这时折得的滤纸外形如图 2-16 所示。在折叠时应注意,滤纸中心部位不可用力压得太紧,以免在过滤时,滤纸底部由于磨损而破裂。然后将滤纸在 1 和 10,6 和 8,4 和 7 等之间各朝相反方向折叠,做成扇形,打开滤纸呈图状,最后做成如图的折叠滤纸,即可放在漏斗中使用。

4.结晶

让热滤液在室温下慢慢冷却,结晶随之形成。如果冷时无结晶析出,可加入一小颗晶种(原来固体的结晶)或用玻璃棒在液面附近的壁上稍用力摩擦引发结晶。

所形成晶体太细或过大都不利于纯化。太细则表面积大,易吸附杂质;过大则在晶体中央夹杂溶液且干燥困难。让热滤液快速冷却或振摇会使晶体很细,使热滤液极缓慢地冷却则产生的晶体较大。

5.抽气过滤(减压过滤)

把结晶与母液分离一般采用布氏漏斗抽气过滤的方法,其装置如图2-17所示。

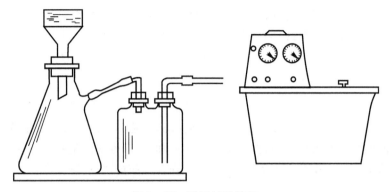

图2-17 减压过滤装置

根据需要选用大小合适的布氏漏斗和刚好覆盖住布氏漏斗底部的滤纸。先用与待滤液相同的溶剂润湿滤纸,然后打开水泵,并慢慢关闭安全瓶上的活塞使吸滤瓶中产生部分真空,使滤纸紧贴漏斗。将滤液及晶体倒入漏斗中,液体穿过滤纸,晶体收集在滤纸上。关闭水泵前,先将安全瓶上的活塞打开或拆开抽滤瓶与水泵连接的橡皮管,以免水倒吸流入抽滤瓶中。

6.干燥结晶

用重结晶法纯化后的晶体,其表面还吸附有少量溶剂,应根据所用溶剂及结晶的性质选择恰当的方法进行干燥。固体的干燥方法很多,可根据重结晶所用溶剂及晶体的性质选择。常用的方法有空气干燥、烘干、干燥器干燥3种。

在重结晶操作中,一般都需要用相当量的溶剂。用有机液体做溶剂时,应考虑溶剂的回收,把使用过的溶剂倒入指定的溶剂回收瓶里。

2.2.5 干燥

干燥指的是除去固体、液体或气体中的水分。有机化合物在进行定性或定量分析、波谱分析之前均应经过干燥才会有准确的结果。为防止少量水与液体有机化合物生成共沸混合物,或由于少量水与有机物在加热下发生反应影响产品纯度,在蒸馏前都必须干燥以除去水分。还有许多有机反应需要在绝对无水条件下进行,所用原料和溶剂也均应进行干燥处理,反应过程也要通过干燥管以防潮气侵入容器。可见,干燥是在有机实验中极普遍而又重要的操作。

一、干燥方法

根据除水原理,干燥方法可以分为物理方法和化学方法,属于物理方法的有加热、真空干燥、冷冻、分馏、共沸蒸馏及吸附等,也可采用离子交换树脂或分子筛除水。离子交换树脂或分子筛均属多孔类吸附性固体,受热后又会释放出水分子,故可反复使用。化学方法干燥主要是利用干燥剂与水分发生可逆或不可逆反应来除去水。例如,无水氯化钙、无水硫酸镁等能与水反应,可逆地生成水合物;另有一些干燥剂,如金属钠、五氧化二磷等可与水发生不可逆反应生成新的化合物。

1．干燥剂的选择

常用干燥剂的性质及适用范围见表 2－3。

选择干燥剂应考虑下列条件：首先，干燥剂不能与被干燥的有机物发生化学反应，并且易于与干燥后的有机物完全分离；其次，使用干燥剂要考虑干燥剂的吸水容量和干燥性能。

吸水容量是指单位质量干燥剂所吸收的水量，吸水容量愈大，即干燥剂吸收水分愈多。

表 2－3　常用干燥剂简介

干燥剂	性质	与水作用产物	适用范围	非适用范围	备　注
$CaCl_2$	中性	$CaCl_2 \cdot H_2O$ $CaCl_2 \cdot 2H_2O$ $CaCl_2 \cdot 6H_2O$ （30℃以上失水）	烃、卤代烃、烯、酮、醚、硝基化合物、中性气体、氯化氢（保干器）	醇、胺、氨、酚、酯、酸、酰胺及某些醛酮	吸水量大、作用快、效力不高，是良好的初步干燥剂，廉价，含有碱性杂质氢氧化钙
Na_2SO_4	中性	$Na_2SO_4 \cdot 7H_2O$ $Na_2SO_4 \cdot 10H_2O$ （30℃以上失水）	酯、醇、醛、酮、酸、腈、酚、酰胺、卤代烃、硝基化合物等以及不能用氯化钙干燥的化合物		吸水量大、作用慢、效力低，是良好的初步干燥剂
$MgSO_4$	中性	$MgSO_4 \cdot H_2O$ $MgSO_4 \cdot 7H_2O$ （30℃以上失水）	同上		较硫酸钠作用快、效力高
$CaSO_4$	中性	$CaSO_4 \cdot 1/2H_2O$ 加热 2～3 h 失水	烷、芳香烃、醚、醇、醛、酮		吸水量小、作用快、效力高，可先用吸水量大的干燥剂做初步干燥后再用
K_2CO_3	碱性	$K_2CO_3 \cdot 3/2H_2O$ $K_2CO_3 \cdot 2H_2O$	醇、酮、酯、胺、杂环等碱性化合物	酸、酚及其他酸性化合物	
H_2SO_4	（强）酸性	$H_3^+O + HSO_4^-$	脂肪烃、烷基卤化物	烯、醚、醇及弱碱性化合物	脱水效力高
KOH NaOH	（强）碱性		胺、杂环等碱性化合物	醇、酯及弱碱性化合物	快速有效
金属钠	（强）碱性	$H_2 + NaOH$	醚、三级胺、烃中痕量水分	碱土金属或对碱敏感物、氯化烃（有爆炸性）、醇	效力高、作用慢，先经初步干燥后再用干燥剂后需蒸馏
P_2O_5	酸性	HPO_3 $H_4P_2O_7$ H_3PO_4	醚、烃、卤代烃、腈中痕量水分，酸溶液，二硫化碳（干燥枪、保干器）	酸、醇、胺、酮、碱性化合物、氯化氢、氟化氢	吸水效力高，干燥后需蒸馏

续 表

干燥剂	性质	与水作用产物	适用范围	非适用范围	备 注
CaH_2	碱性	$H_2+Ca(OH)_2$	碱性、中性、弱酸性化合物	对碱敏感的化合物	效力高、作用慢,先经初步干燥后再用干燥剂后需蒸馏
CaO BaO	碱性	$Ca(OH)_2$ $Ba(OH)_2$	低级醇类、胺		效力高、作用慢,干燥后需蒸馏
分子筛 (3A,4A)	中性	物理吸附	各类有机物、不饱和烃气体(保干器)		快速高效,经初步干燥后再用
硅胶			保干器	氟化氢	

干燥效力是指干燥达到平衡时,液体被干燥的程度。对于形成水合物的无机盐干燥剂,常用吸水后结晶水的蒸气压表示。例如,硫酸钠能形成 10 个结晶水的水合物,其吸水容量为 1.25,25℃时水的蒸气压为 26 Pa(1.92 mmHg)。氯化钙最多能形成 6 个结晶水的化合物,吸水容量为 0.97,25℃时水的蒸气压为 27 Pa(0.20 mmHg)。二者相比较,硫酸钠的吸水量较大,干燥效力弱,氯化钙吸水量较小但干燥效力强。

影响干燥剂干燥性能的因素有很多,如温度,干燥剂用量,干燥剂颗粒大小,干燥剂与液体、气体接触时间等。以无水硫酸镁干燥含水液体有机化合物为例,由于体系不同,硫酸镁可生成不同水合物且具有不同的水的蒸气压。

由表 2-4 可以看出,25℃无水硫酸镁能达到最低水的蒸气压为 0.133 kPa(1 mmHg),它是硫酸镁一水合物与无水硫酸镁的平衡压力,与两者的相对量没有关系,无论加入多少无水硫酸镁、都不可能除去全部水分。加入干燥剂过多,会使液体产品吸附受损失;加入量不足,则不能达到一水合物,反而会形成多水合物,其蒸气压力大于 0.133 kPa(1 mmHg)。这就是干燥剂要适量加入,且在使用干燥剂时必须尽可能将水分离除净的缘故。另外,干燥剂成为水合物需要有一个平衡过程,因此,液体有机物进行干燥时需放置一定时间。所以应将干燥剂的吸水容量和干燥效能进行综合考虑。有时对含水较多的体系,常先用吸水容量大的干燥剂,然后再使用干燥性能强的干燥剂。

表 2-4 硫酸镁的不同结晶水合物的水的蒸气压(25℃)

平衡式	p(水)	
	mmHg	kPa
$MgSO_4+H_2O \Longrightarrow MgSO_4 \cdot H_2O$	1	0.13
$MgSO_4 \cdot H_2O+H_2O \Longrightarrow MgSO_4 \cdot 2H_2O$	2	0.27
$MgSO_4 \cdot 2H_2O+2H_2O \Longrightarrow MgSO_4 \cdot 4H_2O$	5	0.67
$MgSO_4 \cdot 4H_2O+H_2O \Longrightarrow MgSO_4 \cdot 5H_2O$	9	1.2
$MgSO_4 \cdot 5H_2O+H_2O \Longrightarrow MgSO_4 \cdot 6H_2O$	10	1.33
$MgSO_4 \cdot 6H_2O+H_2O \Longrightarrow MgSO_4 \cdot 7H_2O$	11.5	1.5

2.干燥剂的使用方法

以无水干燥剂干燥乙醚为例。温室下,水在乙醚中的溶解度为 $1\%\sim1.5\%$,现有 100 mL 乙醚,估计其中含水量为 1.00 g。假定无水氯化钙在干燥过程中全部转化为六水合物,其吸水容量为 0.97(即 1.00 g 无水氯化钙可以吸收 0.97 g 水),这就是说,按理论推算用 1 g 氯化钙可将 100 mL 乙醚中的水除净。但实际用量却远大于 1 g。其原因是在用乙醚从水溶液中萃取分离某有机物时,乙醚层中水相不能完全分离干净;无水氯化钙在干燥过程中转变为六水合物需要较长的时间,短时间往往不能达到无水氯化钙应有的容量。鉴于以上情况,要干燥 100 mL 含水乙醚,往往要 $7\sim10$ g 无水氯化钙。

确定干燥剂的使用量可查阅溶解度手册。根据溶解度进行估算,一般有机物结构中含有亲水基时,干燥剂应过量。这种办法仅仅提供理论参考,由于实际反应情况复杂,最重要还是在实验中不断积累经验。

在实际操作中,一般干燥剂用量为 10 mL 液体需要 $0.5\sim1$ g。但由于液体产品中水分含量不同,干燥剂质量不同,颗粒大小不同,干燥剂温度不同,因此不能一概而论。一般应分批加入干燥剂,每次加入后要振荡,并仔细观察,如干燥剂全部黏在一起,说明用量不够,需再加入一些干燥剂,直到出现无吸水的、松动的干燥剂颗粒。放置一段时间后,观察被干燥的溶液是否透明。干燥时间应根据液体量、含水情况而定,一般需 $30\sim40$ min,甚至更长。干燥过程应多摇动几次,便于提高干燥效率。多数干燥剂的水合物在高温时会失去水,降低干燥性能,故在蒸馏时必须把干燥剂过滤除去,块状干燥剂(如氯化钙)使用之前要破碎成粒状颗粒,大小似黄豆粒。若研成粉末,干燥效果虽好,但过滤困难,难以与产品分离,影响纯度和产量。经干燥后,液体透明,并不能说明液体已不含水分,透明与否和水在该化合物中的溶解度有关。例如 20℃乙醚中,可溶解 1.19% 的水,乙酸乙酯中可溶解 2.98% 的水,只要含水量不超过溶解度,含水的液体总是透明的。在这样的液体中,加干燥剂的量必须要大于常规量。已干燥的液体通过置有折叠滤纸或一小团脱脂棉的漏斗直接滤入烧瓶中,进行蒸馏。某些干燥剂,如金属钠、石灰、五氧化二磷等,由于它们和水生成比较稳定的产物,有时可不必过滤而直接蒸馏。

二、液体有机化合物的干燥

一般将液体有机化合物和粒状干燥剂混在一起,以振荡的方式进行干燥处理。如果有机化合物含水量较大,可分次进行干燥处理,直到重新加入的干燥剂不再有明显的吸水现象为止。例如,氯化钙保持颗粒状、五氧化二磷不再结块等。

液体有机化合物除了用于干燥剂外,还可采用共沸蒸馏的方法除水。例如,工业上制无水乙醇,就是利用乙醇、水和苯三者形成共沸混合物的特点,于 95%乙醇中加入适量苯进行共沸蒸馏。前馏分为三元共沸混合物,当把水蒸完后,即为乙醇和苯的二元共沸混合物,无苯后,沸点升高即为无水乙醇。

三、固体有机化合物的干燥

1.晾干

将待干燥的固体放在表面皿上或培养皿中,尽量平铺成一薄层、再用滤纸或培养皿覆盖上以免灰尘玷污,然后在室温下放置直到干燥为止,这对于低沸点溶剂的除去是既经济又方便的方法。

2. 红外灯干燥

固体中如含有不易挥发的溶剂,为了加速干燥,常用红外灯干燥。干燥的温度应低于晶体的熔点,干燥时旁边可放温度计,以便控制温度。要随时翻动固体,防止结块。但对于常压下易升华或热稳定性差的结晶不能用红外灯干燥。红外灯可用可调变压器来调节温度,使用时温度不要调得过高,严防水溅在灯泡上而发生炸裂。

3. 烘箱干燥

烘箱用来干燥无腐蚀、无挥发性、加热不分解的物品。切忌将挥发、易燃、易爆物放在烘箱内烘烤,以免发生危险。

4. 干燥器干燥

普通干燥器一般适用于保存易潮解或升华的样品,但干燥效率不高,所费时间较长。干燥剂通常放在多孔瓷板下面,待干燥的样品用表面皿或培养皿盛放,置于瓷板上面,所用干燥剂由除去溶剂的性质而定。

变色硅胶是干燥器中使用较普遍的干燥剂,其制备方法是:将无色硅胶平铺在盘中,在空气中放置几天,任其吸收水分,以减少应力,如果部分干燥的硅胶有内应力,浸入溶液中即会发生炸裂,变成更小的颗粒状,当吸收的水分使它的质量增加了原质量的 1/5 时,浸入 20% 氯化钴的乙醇溶液中,15～30 min 后取出晾干,再置于 250～300℃ 的烘箱中活化至恒重,即得变色硅胶。它干燥时为蓝色,吸水后变成红色,烘干后可再使用。

5. 冷冻干燥

冷冻干燥是使有机物的水溶液或混悬液在高真空的容器中,先冷冻成固体状态,然后利用冰的蒸气压较高的性质,使水分从冷冻的体系中升华,有机物即成固体或粉末。对于受热时不稳定物质的干燥,该方法特别适用。

2.3 有机化合物物理常数的测定

2.3.1 熔点的测定及温度计校准

一、熔点的测定

有机化合物的熔点通常用毛细管法测定。实际上由此法测得的不是一个温度点,而是熔化范围,即试料从开始熔化到完全熔化为液体的温度范围。纯粹的固态物质通常都有固定的熔点(熔化范围约在 0.5℃ 以内)。如有其他物质混入,则对其熔点有显著的影响,不但是熔化温度的范围增大,而且往往是混合物熔点降低。因此,熔点的测定常常可以用来识别物质和定性地检验物质的纯度。

在测定熔点以前,要把试料研成细末,并放在干燥器或烘箱中充分干燥。

1. 熔点管的准备

把试样装入熔点管中。把干燥的粉末状试料在表面皿上堆成小堆,将熔点管的开口端插

2.3.2 沸点及其测定

一、基本原理

当液态物质受热时,由于分子运动使其从液体表面逃逸出来,形成蒸气压,随着温度升高,蒸气压增大,待蒸气压和大气压或所给压力相等时,液体沸腾,这时的温度称为该液体的沸点。每种纯液态有机化合物在一定压力下均具有固定的沸点。

二、沸点的测定方法

沸点的测定方法分常量法和微量法两种。常量法的装置与蒸馏操作相同。微量法测定沸点可用图 2-19 所示的装置。

取一根内径 3~4 mm、长 8~9 cm 的玻璃管,用小火封闭其一端,作为沸点管的外管,放入欲测定沸点的样品 4~5 滴,在此管中放入一根长 7~8 cm、内径约 1 mm 的上端封闭的毛细管,即其开口处浸入样品中。把这一微量沸点管贴于温度计水银球旁,并浸入液体中,把沸点测定管附在温度计旁。加热时,由于气体膨胀,内管中有断断续续的小气泡冒出,到达样品的沸点时,将出现一串的小气泡,此时应停止加热,使浴温自行下降,气泡逸出的速度即渐渐地减小,仔细观察,最后一个气泡出现而刚欲缩回到内管的瞬间温度即表示

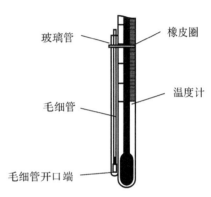

图 2-19 微量法测定沸点装置

毛细管内液体的蒸气压与大气压平衡时的温度,即该液体的沸点。

2.3.3 液体化合物折射率的测定

一、基本原理

折射率是有机化合物重要的物理常数之一。它是液态化合物的纯度表态,也可作为定性鉴定的手段。

当光线从一种介质 m 射入另外一种介质 M 时,光的速度发生变化,光的传播方向(除光线与两介质的界面垂直射入)也会改变,这种现象称为光的折射现象。光线方向的改变是用入射角和折射角来量度的。光的折射现象如图 2-20 所示。根据光的折射定律,入射角和折射角的正弦之比与两种介质的折射率成反比。在测定折射率时,一般都是光从空气射入液体介质中,而空气的折射率为1.000 27。

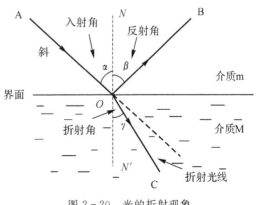

图 2-20 光的折射现象

因此,我们通常用在空气中测得的折射率作为该介质的折射率。

但是在精密的工作中,对两者应加以区别。折射率与入射波长及测定时介质的温度有关,表示为 n_D^{20},即表示钠光为光源,20℃所测定的折射率 n 值。对于某一化合物,当条件都固定时,它的折射率是一个常数。

由于光在空气中速度接近真空中的速度,而光在任何介质中的速度均小于光速,所以所有介质的折射率都大于1。

二、折射率的测定

在有机化学实验里,一般用阿贝(Abbe)折射仪来测定折射率。在折射仪上所刻的读数不是临界角度数,而是已计算好的折射率,故可直接读出。由于仪器上有消色散棱镜装置,所以可直接使用白光作光源,其测得的数值与钠光的 D 线所测得结果等同。

阿贝折射仪现有两种形式:其一为双目镜,结构如图 2-21 所示;其二为单目镜,结构如图 2-22 所示。

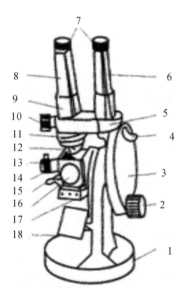

图 2-21 双目阿贝折射仪

1—底座; 2—棱镜转动手轮; 3—圆盘组(内有刻度盘); 4—小反光镜; 5—支架;
6—读数镜筒; 7—目镜; 8—望远镜筒; 9—示值调节螺丝; 10—阿米西棱镜手轮;
11—色散值刻度圈; 12—棱镜锁紧扳手; 13—棱镜组; 14—温度计座; 15—恒温器接头;
16—保护罩; 17—主轴; 18—反光镜

它们的主要部分都由两块棱镜组成,上面一块是光滑的,下面一块是磨砂的。测定时,将被测液体滴入磨砂棱镜,然后将两块棱镜叠合关紧。光线由反射镜入射到磨砂棱镜,产生漫射,以不同入射角进入液体层,再到达光滑棱镜,光滑棱镜的折射率很高(约 1.85),大于液体的折射率,其折射角小于入射角,这时在临界角以内的区域有光线通过,是明亮的,而临界角以外的区域没有光线通过,是暗的,从而形成了半明半暗的图像(见图 2-23)。

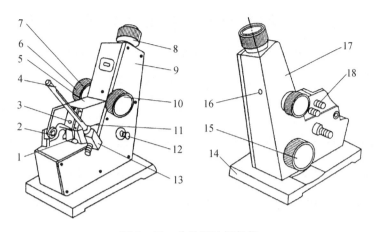

图 2-22　单目阿贝折射仪

1—反射镜；　2—转轴；　3—遮光板；　4—温度计；　5—进光棱镜座；　6—色散调节手轮；

7—色散值刻度圈；　8—目镜；　9—盖板；　10—手轮；　11—折射标棱镜座；　12—照明刻度聚光灯；

13—温度计座；　14—仪器的支承座；　15—折射率刻度调节手轮；　16—小孔；　17—壳体；　18—恒温器接头

1. 双目阿贝折射仪的使用方法

先将折射仪与恒温槽连接。恒温后，小心地扭开直角棱镜的闭合旋钮，把上下棱镜分开。用少量丙酮或乙醇或乙醚润湿冲洗上下两镜面，分别用擦镜纸顺同一方向把镜面擦干净。待完全干净，使下面毛玻璃面棱镜处于水平状态，滴加一滴高纯度蒸馏水。合上棱镜，适当旋紧闭合旋钮。调节反射镜使光线射入棱镜。转动棱镜，直至从目镜中可观察到视场中有界线或出现彩色光带。若出现彩色光带，可调节消色散镜调节器，使明暗界线清晰，再转动棱镜，使界线恰好通过"十"字的交点，如图 2-23 所示。还需调节望远镜的目镜进行聚焦，使视野清晰。记下读数与温度，重复两次，将测得的纯水的平均折射率与标准值（1.332 99）比较，就可求得仪器的校正值。然后用同样的方法，测定待测液体样品的折射率。一般来说，校正值很小。若数值太大，必须请实验室专职人员或指导教师重新调整仪器。

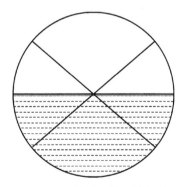

图 2-23　临界角的目镜视野

2. 单目阿贝折射仪的使用方法

（1）在开始测定前必须先用标准玻璃块校对读数，将标准玻璃块的抛光面上加一滴溴代萘，贴在折射棱镜的抛光面上，标准玻璃块抛光的一端应向上，以接受光线，当读数镜内指标于标准玻璃块上的刻度时,观察望远镜内明暗分界线是否在十字线中间,若有偏差,则用附件方孔调节扳手转动示值调节螺丝,使明暗分界线调至中央,在以后测定过程中,螺丝不允许再动。

(2)开始测定之前必须将进光棱镜及折射棱镜擦洗干净,以免留有其他物质影响测定精度(可用少量丙酮或乙醇或乙醚清洗)。

(3)将棱镜表面擦干净后,把待测液体用滴管加在进光棱镜的磨砂面上,旋转棱镜锁紧手柄,要求液体均匀无气泡并充满视场。

(4)调节两反光镜,使二镜筒视场明亮。

(5)旋转手柄使棱镜转动,在望远镜中观察明暗分界线上下移动,同时旋转阿米西棱镜手柄使视场中除黑白二色外无其他颜色,当视场中无色且分界线在十字线中心时观察读数棱镜视场右边所指示刻度值即为测出的折射率。

(6)当测量糖溶液内含糖量浓度时,操作与测量液体折射率相同,此时应从读数镜视场左边所指示值读出,即为糖溶液含糖量的百分数。

(7)若需测量不同温度时的折射率,将温度计旋入温度计座内,接上恒温器,把恒温器的温度调节到所测量温度,待温度稳定 10 min 后,即可测量。

使用折光仪时要注意不使仪器暴晒于阳光下。注意保护棱镜,不能在镜面上造成刻痕。在滴加液体样品时,滴管的末端切不可触及棱镜。避免使用对棱镜、金属保温套及其间的胶合剂有腐蚀或溶解作用的液体。

2.3.4　旋光度及其测定

一、基本原理

某些有机化合物因具有手性,能使偏振光振动平面旋转。使偏振光振动向左旋转的物质称为左旋性物质,能使偏振光振动向右旋转的物质称为右旋性物质。一种化合物的旋光度和旋光方向可用它的比旋光度来表示。物质的旋光度和测定时所用物质的浓度、溶剂、温度、样品管长度和所用光源的波长有以下关系,即

$$[\alpha]_\lambda^t = \frac{\alpha}{\rho \cdot l}$$

式中,α 为旋光性物质在温度为 t,光源的波长为 λ,样品管长度为 l,溶液的质量浓度为 ρ(若是纯液体为密度)时的旋光度。

比旋光度是物质的特性常数之一,测定旋光度,可以检定旋光性物质的纯度和含量。

许多物质具有旋光性,如石英晶体、酒石酸晶体、蔗糖、葡萄糖、果糖的溶液等。旋光物质的旋光度与旋光物质的性质、测定温度、光经过物质的厚度、光源波长等因素有关。若被测物质是溶液,当光源波长、温度。厚度恒定时,其旋光度与溶液的浓度成正比。通过测定物质旋光度的方向和大小,可以鉴定物质。测定旋光度通常用旋光仪。

二、旋光仪的构造和测试原理

普通光源发出的光称为自然光,其光波在垂直于传播方向的一切方向上振动,如果我们借助某种方法而获得只在一个方向上振动的光,这种光线称为偏振光。旋光仪的主体尼科尔(Nicol)棱镜就能起到这样的作用。

尼科尔棱镜由两块方解石直角棱镜组成。棱镜两个锐角为 68°和 22°,两棱镜的直角边用加拿大树胶黏起来(见图 2-24)。当一束自然光 S 沿平行于 AC 的方向入射到端面 AB 后,由于方解石晶体的双折射特性,这束自然光就被折射成两束振动方向互相垂直的偏振光。其中一束偏振光 O 遵守折射定律,称为寻常光线。另一束偏振光 e 不遵守折射定律,称为非寻常光线。由于寻常光线 O 在直角棱镜中的折射率(1.658)大于在加拿大树胶中的折射率(1.550),因此寻常光线 O 在第一块直角棱镜与加拿大树胶交界面上发生全反射,为棱镜的涂黑表面所吸收。非寻常光线 e 在直角棱镜中的折射率(1.516)小于在加拿大树胶中的折射率,部分产生前反射现象,故能透过树胶和第二块棱镜,从端面 CD 射出,从而获得一束单一的平面偏振光。在旋光仪中,用于产生偏振光的棱镜称为起偏镜。

在旋光仪中设计了第二个尼科尔棱镜,其作用是检查偏振光经旋光物质后其振动方向偏转的角度大小,称为检偏镜。它和旋光仪的刻度盘装在同一轴上,能随仪器转动。若一束光线经过起偏镜后,所得到的偏振光沿 OA 方向振动(见图 2-25),由于检偏镜中允许沿某一方向振动的偏振光通过,设图 2-25 中的 OB 为检偏镜所允许通过的偏振光的振动方向。OA 和 OB 间的夹

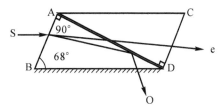

图 2-24 尼科尔棱镜的起偏原理图

角 θ,振幅分别为 $E\cos\theta$ 和 $E\sin\theta$,其中只有与 OB 重合的分量 $E\cos\theta$ 可以通过检偏镜,而与 OB 垂直的分量 $E\sin\theta$ 不能通过。由于光的强度 I 正比于光的振幅的平方,显然,当 $\theta=0°$ 时,$E\cos\theta=E$,透过检偏镜的光最强;当 $\theta=90°$ 时,$E\cos\theta=0$,此时没有偏振光通过检偏镜。旋光仪就是利用透光的强弱来测定旋光物质的旋光度的。

在旋光仪中,起偏镜是固定的,如果调节检偏镜使 $\theta=90°$,则检偏镜前观察到的视场呈黑暗。如果在起偏镜和检偏镜之间放一盛有旋光性物质的样品管,由于物质的旋光作用,使 OA 偏转一个角度 α(见图 2-26),这样在 OB 方向上就有一个分量,所以视场不呈黑暗。当旋转检偏镜时,刻度盘随同转动,其旋转的角度可以从刻度盘上读出。

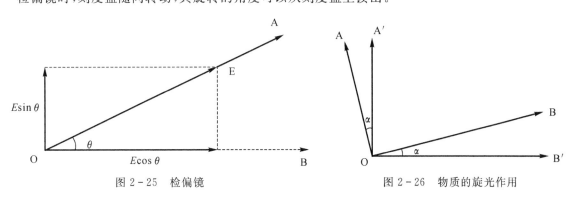

图 2-25 检偏镜   图 2-26 物质的旋光作用

由于人们的视力对鉴别二次全黑的误差较大(可差 4°~6°),因此设计了一种三分视野的装置来提高测量的精密度。三分视野的装置和原理如下:在起偏镜后的中部装一狭长的石英片,其宽度约为视野的 1/3。由于石英片具有旋光性,从石英片中透过的那一部分偏振光被旋转了一角度 φ,φ 为“半暗角”。如果 OA 和 OB 开始是重合的,此时从望远镜视野中将看到透

过石英的那部分稍暗,两旁的光很强(见图 2-27(a)),图中 OA′是透过石英片后偏振光的振动方向。旋转检偏镜 OB 与 OA′垂直,则 OA′方向上振动的偏振光不能透过检偏镜,因此,视野中央是黑暗的,而石英片两边的偏振光 OA 由于在 OB 方向上有一个分量 ON,因而视野两边稍亮,如图 2-27(b)所示。同理,调节 OB 和 OA 垂直,则视野两边黑暗,中间稍亮,如图 2-27(c)所示。如果调节 OB 与半暗角的分脚线 PP′垂直或重合,则 OA 与 OA′在 OB 上的分量 ON 和 ON′相等,因此,视野中三个区内明暗程度相同,此时三分视野消失,如图 2-27(d)(e)所示。根据三分视野的概念,可用如下方法测定物质的旋光度:在样品管中充满无旋光性的蒸馏水,调节检偏镜的角度(OB 与 PP′垂直)使三分视野消失,将此时的角度读数作为零点,再在样品管中换以被测试样,由于 OA 和 OA′方向的偏振光都转了一个角度,必须使检偏镜也相应地转一个角度,才能使 OB 和 PP′重新垂直,三分视野再次消失,这个角度即为被测物质的旋光度。

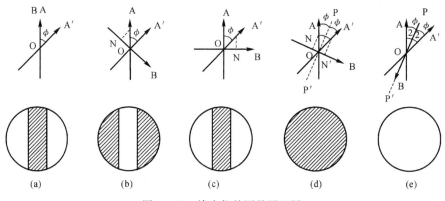

图 2-27 旋光仪的测量原理图

应当指出,如将 OB 再顺时针转过 90°,使 OB 与 PP′重合,此时虽然三分视野也消失,但因整个视野太亮,不利于判断三分视野是否消失,所以总是选取 OB 与 PP′垂直的情况下作为旋光度的标准。

旋光度与温度有关,若在旋光仪的样品管外装一恒温夹套,通过恒温水,则可测量指定温度下的旋光度。光源的波长通过采用钠灯 D 线(589 nm)。

旋光仪的纵断面图如图 2-28 所示。

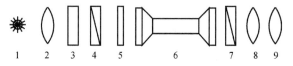

图 2-28 旋光仪的纵断面图

1—钠光灯; 2—透镜; 3—滤光片; 4—起偏镜; 5—石英片; 6—样品管; 7—检偏镜; 8,9—望远镜

三、旋光度的测定

(1)接通电源(220 V),打开钠光灯,待 2～3 min 光源稳定后,调节目镜焦距,使三分视野清晰。

(2)校正仪器零点,在样品管中充满蒸馏水或空白溶剂(无气泡或有小气泡,让气泡浮在样品管的凸处),将样品管擦干,放入旋光仪内,盖上箱盖。使标尺盘的零读数在零标记号亮度的视野,记下角度值,即为仪器零点,用以校正系统误差。

(3)在样品管中装入试样,依上法测定旋光度,减去仪器零点值,即为被测物质的旋光度。记下样品管的长度,然后按公式计算其比旋光度。

(4)测定完毕后,关闭电源,将样品管洗净擦干,放入盒内。

2.4　有机化合物结构鉴别的波谱方法

2.4.1　红外光谱

一、基本原理

电磁光谱的红外部分根据其同可见光谱的关系,可分为近红外光、中红外光和远红外光。远红外光($400\sim10$ cm^{-1})同微波毗邻,能量低,可以用于旋转光谱学。中红外光($4\,000\sim400$ cm^{-1})可以用来研究基础振动和相关的旋转-振动结构。更高能量的近红外光($14\,000\sim4\,000$ cm^{-1})可以激发泛音和谐波震动。红外光谱法的工作原理是由于振动能级不同,化学键具有不同的频率。共振频率或者振动频率取决于分子等势面的形状、原子质量和最终的相关振动耦合。为使分子的振动模式在红外活跃,必须存在永久双极子的改变。具体的,在波恩-奥本海默和谐振子近似中,例如,当对应于电子基态的分子哈密顿量能被分子几何结构的平衡态附近的谐振子近似时,分子电子能量基态的势面决定的固有振荡模,决定了共振频率。然而,共振频率经过一次近似后同键的强度和键两头的原子质量联系起来。这样,振动频率可以和特定的键型联系起来。简单的双原子分子只有一种键,那就是伸缩键。更复杂的分子可能会有许多键,并且振动可能会共轭出现,导致某种特征频率的红外吸收可以和化学组联系起来。常在有机化合物中发现的 CH$_2$ 组,可以以“对称和非对称伸缩”“剪刀式摆动”“左右摇摆”“上下摇摆”和“扭摆”六种方式振动。

二、红外光谱与分子结构的关系

利用红外光谱鉴定有机化合物,实际上就是确定基团与频率的相互关系。通常把红外光谱分为两个区域,即官能团区和指纹区。波数 $4\,000\sim1\,400$ cm^{-1} 的频率范围为官能团区,吸收主要是由于分子的伸缩振动引起的,常见的官能团在这个区域内都有特定的吸收峰,低于 $1\,400$ cm^{-1} 的区域为指纹区,其间吸收峰的数目较多,是化学键的弯曲振动和部分单键的伸缩振动引起的,吸收谱带较多,相互重叠,不易归属于某一基团,吸收带的位置和强度可随分子结构的微小变化产生较大差异,因而该区域的图形千变万化,但对每个分子都是特殊的,故称该区域为指纹区。在指纹区内,每种化合物都有自己的特征图形,这对于结构相似的化合物(如同系物)的鉴别是极为有用的。

三、红外光谱仪

傅里叶变换红外光谱仪被称为第三代红外光谱仪,利用麦克尔逊干涉仪将两束光程差按一定速度变化的复色红外光相互干涉,形成干涉光,再与样品作用。探测器将得到的干涉信号送入计算机进行傅里叶变化的数学处理,把干涉图还原成光谱图,如图 2-29 所示。

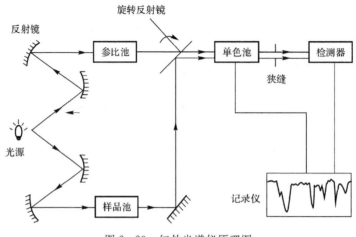

图 2-29 红外光谱仪原理图

四、测定方法

红外光谱测定的一大优点就是对气态、液态和固态样品都能够进行分析。由于金属卤化物不吸收红外线,所以常用 KBr,NaCl 制样品池和分光棱镜。

用红外光谱对气体样品进行测定可用气体槽。对于高沸点的液体样品,可取 1～10 mg 滴在两块卤化物盐片之间进行测定。对于低熔点的固体,可将其溶化后在卤化物盐片上进行测定,称为液膜法。对于固体样品,一般有三种方法:一是石蜡油法,用石蜡油作为分散剂,将样品磨成糊状后夹在两卤盐片之间进行测定,用该方法时应注意石蜡油本身在 3 030～2 830 cm^{-1} 和 1 357 cm^{-1} 附近有吸收;二是溶液法,采用厚度为 0.1～0.2 mm 的固定槽,选择合适的溶剂溶解样品,然后进行测定;三是最常用的溴化钾压片法,将 0.5～2 mg 固体药品与 100～300 mg KBr 研磨压成透明薄片进行测定,但需注意,样品纯度要高,而且溴化钾易吸水,使薄片不透明,影响透过率。

常见基团的特征频率见表 2-5。

表 2-5 红外吸收特征光谱带

波长/μm	波数/cm^{-1}	产生吸收的键
2.7～3.3	3 750～300	O—H , N—H（伸展）
3.0～3.4	3 300～2 900	—C≡C—H , C=C—H Ar—H（C—H 伸展）
3.3～3.7	3 000～2 700	—CH$_3$,—CH$_2$,—CHO(C—H 伸展)
4.2～4.9	2 400～2 100	C≡N , C≡C（伸展）（三键区）
5.3～6.1	1 900～1 650	C=O（包括羧酸、醛、酮、酰胺、酯、酸酐中的 C=O 伸展）
5.9～6.2	1 675～1 500	C=C , —N=N— , C=N（伸展）（双键振动区）
6.8～7.7	1 475～1 300	(CH 面内弯曲振动区)
10.0～15.4	1 000～650	(CH 面外弯曲振动区)

2.4.2　核磁共振谱

核磁共振是磁矩不为零的原子核,在外磁场作用下自旋能级发生塞曼分裂,共振吸收某一定频率的射频辐射的物理过程。核磁共振波谱学是光谱学的一个分支,其共振频率在射频波段,相应的跃迁是核自旋在核塞曼能级上的跃迁。核磁共振谱是鉴定有机化合物结构最有效的波谱分析方法,尤其是氢核磁共振谱(^{1}H NMR)和碳核磁共振谱(^{13}C NMR)的应用更为广泛,可以提供分子中氢原子和骨架的重要信息。

一、基本原理

核磁共振主要是由原子核的自旋运动引起的。不同的原子核,自旋运动的情况不同,它们可以用核的自旋量子数 I 来表示。当有机物被置于磁场中时,表现出特定的核的自旋性质。具有磁矩的原子核(自旋量子数 $I>0$)(如^{1}H,^{13}C,^{19}F,^{15}N,^{31}P 等)原子都具有核自旋的性质,化学家最感兴趣的是^{1}H 和^{13}C,碳和氢是构成有机化合物最重要的元素。

二、核磁共振谱与分子结构的关系

有机化合物中的质子与独立的裸质子不同,它的周围还有电子,这些电子在外界磁场的作用下发生环流运动,产生一个对抗外加磁场的感应磁场。感应磁场可以使质子"感受"到的磁场产生增大和减小两种效应,这取决于质子在分子中的位置和它的化学环境。假若质子周围的感应磁场与外加磁场反向,这时质子感受到的磁场将减少百万分之几,产生屏蔽效应。屏蔽得越多,对外加磁场的感受越少,因此与屏蔽较小的质子相比,在较高的磁场才发生共振吸收;相反,假如感应磁场与外加磁场同向,等于在外加磁场下再加了一个小磁场,此时质子"感受"到的磁场增加了,即受到了所谓去屏蔽效应,因而在较低的磁场发生吸收。相同的质子,由于它们在分子中的位置和化学环境不同,将在不同的强度处发生共振吸收,给出吸收信号。由于屏蔽和去屏蔽效应,引起核磁共振谱中质子吸收位置与裸质子移动的现象称为化学位移。由于化学位移难以精准测量,实际操作中一般选用适当的化合物(如四甲基硅烷)作为标准物质,测定相对频率。影响化学位移的主要因素有相邻基团的电负性、各向异性效应、范德华效应、溶剂效应及氢键等作用。

在核磁共振谱中,每组峰的面积与产生这组信号的质子数目成正比。如果将各组信号的面积进行比较,就能确定各种类型等价质子的相对数目。近代的核磁共振仪可以将每个吸收峰的面积进行电子积分,并在谱图上记录下积分曲线。从积分曲线的起点到终点的高度变化与分子中质子的总数成正比。

三、核磁共振仪

测试时将样品管插入两块磁铁之间,样品管的轴向上缠绕着接收线圈,在电磁铁轴向缠着扫描线圈,与这两个线圈相垂直的方向上,绕有振荡线圈。连通电流,射频振荡器通过振荡线圈对样品进行照射(见图 2 - 30)。

如果样品对射频振荡器发出的射频能产生吸收,并为射频检测器所检测,所形成的信号记录在图纸上,即得核磁共振谱。

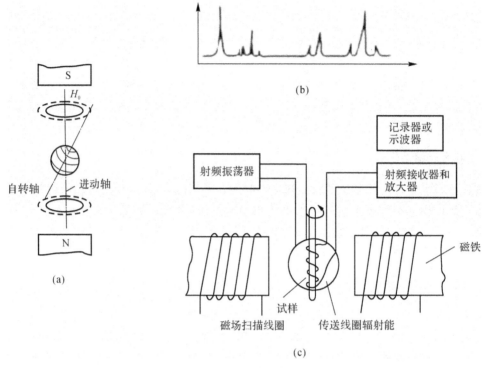

图 2-30 核磁共振波谱仪

四、测定方法

核磁共振测定一般使用配有塞子的标准样品管。样品量一般为 5～10 mg 溶质溶于 0.5～1.0 mL 溶剂中。对于黏度不大的液体有机化合物,可以不用溶剂直接测定。对于具有一定黏度的液体化合物样品,最好在溶剂条件下测定。一个非常简便的方法就是采用目测法,先加入 1/5 体积的被测物质,然后加入 4/5 的溶剂,加上塞子摇匀进行测定。

对于固体有机化合物,一定要选择合适的溶剂,溶剂不能含有氢原子,最常用的有机溶剂是 CCl_4。随着被测物质极性增大,就要选择氘代的溶剂,如 $CDCl_3$ 或 D_2O。如果这些溶剂不合适,一些特殊的氘代溶剂(如 CD_3OD,CD_3COCD_3,C_6D_6,DMSO-d_6 和 DMF-d_7 等)都可用来进行测定。

2.4.3 紫外-可见光谱

紫外光谱(UV)是指波长在 200～400 nm 近紫外区的电磁波吸收光谱,可见光谱则是波长在 400～800 nm 的电磁波吸收光谱。紫外吸收光谱和可见吸收光谱都属于分子光谱,它们都是由于价电子的跃迁而产生的,通常将它们联系起来考虑,称为紫外-可见光谱。利用物质的分子或离子对紫外和可见光的吸收所产生的紫外-可见光谱及吸收程度可以对物质的组成、含量和结构进行分析、测定、推断。

紫外光谱一般用于含有共轭体系的有机化合物的结构鉴定。由于灵敏度高,在有机化合物的定量分析中也很重要。

一、基本原理

紫外-可见光谱是由于分子吸收光能后,产生了价电子的跃迁,也可称为分子光谱。

在有机化合物分子中有形成单键的 σ 电子、有形成双键的 π 电子、有未成键的孤对 n 电子。当分子吸收一定能量的辐射能时,这些电子就会跃迁到较高的能级,此时电子所占的轨道称为反键轨道,而这种电子跃迁同内部的结构有密切的关系。

在紫外-可见光谱中,电子的跃迁有 σ→σ＊,n→σ＊,π→π＊ 和 n→π＊ 4 种类型。各种跃迁类型所需要的能量依下列次序减小:σ→σ＊＞n→σ＊＞π→π＊＞n→π＊。

二、紫外-可见光谱与分子结构的关系

紫外光谱是带状光谱,分子中存在一些吸收带已被确认,其中有 K 带、R 带、B 带、E1 和 E2 带等,见表 2－6。

表 2－6　各谱带对应的典型基团

跃迁类型	特征 λ_{max}	典型基团 ε_{max}
σ→σ＊	远紫外区测定 $\lambda_{max}<150$ nm	C—C,C—H(在紫外光区观测不到) $\varepsilon_{max}<100$
n→σ＊	紫外区短波长端至远紫外区的中等强吸收 λ_{max}:150～230 nm	—OH,—NH₂,—X,—S,ε_{max} 100～1 000
π→π＊ E1 带	芳香环的双键吸收 λ_{max}:185 nm	—C＝C—,—C＝O,$\varepsilon_{max}>10 000$
E2 带	共轭多烯的吸收 λ_{max}:204 nm	—C＝C—C＝O—,$\varepsilon_{max}>1 000$
n→π＊ R 带	含杂原子不饱和基团的吸收 $\lambda_{max}>200$ nm	C＝O,C＝S,—N＝O,—N＝N,C＝N,$\varepsilon_{max}<100$

在紫外-可见光谱分析中,在选定的波长下,吸光度与物质浓度的关系,也可用光的吸收定律即朗伯-比尔定律描述:

$$A=\lg(I_0/I)=\varepsilon bc$$

其中,A 为溶液吸光度,I_0 为入射光强度,I 为透射光强度,ε 为该溶液摩尔吸光系数,b 为溶液厚度,c 为溶液浓度。

一个化合物的紫外光谱可表明官能团之间的关系,即官能团之间是否相互共轭,以及共轭体系中取代基的位置、数目及种类和是否存在芳香结构等。在决定未知物结构时,紫外光谱可以提供一些补充数据,以进一步确证红外光谱及核磁共振谱推测的结果。

(1)如果一个化合物在紫外区是透明的,则说明分子中不存在共轭体系,不含有醛基、酮基或溴和碘。可能是脂肪族碳氢化合物、胺、腈、醇等不含双键或环状共轭体系的化合物。

(2)如果在 210～250 nm 有强吸收,表示有 K 吸收带,则可能含有两个双键的共轭体系,如共轭二烯或 α,β-不饱和酮。同样在 260 nm,300 nm,330 nm 处有高强度 K 吸收带,表示有 3 个、4 个和 5 个共轭体系存在。

(3)如果在 260～300 nm 有中强吸收(ε＝200～1 000),则表示有 B 带吸收,体系中可能有苯环存在。如果苯环上有共轭的生色基团存在,则 ε 可以大于 10 000。

(4)如果在 250～300 nm 有弱吸收带（R 吸收带），则可能含有简单的非共轭并含有 n 电子的生色基团，如羰基等。

各种因素对吸收谱带的影响表现为谱带位移、谱带强度的变化、谱带精细结构的出现或消失等。

谱带位移包括蓝移（或紫移，hypsochromic shift or blue shift）和红移（bathochromic shift or red shift）。蓝移（或紫移）指吸收峰向短波长移动，红移指吸收峰向长波长移动。吸收峰强度变化包括增色效应（hyperchromic effect）和减色效应（hypochromic effect）。前者指吸收强度增加，后者指吸收强度减小。

影响有机化合物紫外吸收光谱的因素有内因（分子内的共轭效应、位阻效应、助色效应等）和外因（溶剂的极性、酸碱性等溶剂效应）。由于受到溶剂极性和酸碱性等的影响，这些溶质的吸收峰的波长、强度以及形状将发生不同程度的变化。这是因为溶剂分子和溶质分子间可能形成氢键，或极性溶剂分子的偶极使溶质分子的极性增强，因而在极性溶剂中 $\pi \rightarrow \pi^*$ 跃迁所需能量减小，吸收波长红移（向长波长方向移动）；而在极性溶剂中，$n \rightarrow \pi^*$ 跃迁所需能量增大，吸收波长蓝移（向短波长方向移动）。

极性溶剂不仅影响溶质吸收波长的位移，还影响吸收峰吸收强度和它的形状，如苯酚的 B 吸收带，在不同极性溶剂中，其强度和形状均受到影响。在非极性溶剂正庚烷中，可清晰看到苯酚 B 吸收带的精细结构，但在极性溶剂乙醇中，苯酚 B 吸收带的精细结构消失，仅存在一个宽的吸收峰，而且其吸收强度也明显减弱。在许多芳香烃化合物中均有此现象。由于有机化合物在极性溶剂中存在溶剂效应，所以在记录紫外吸收光谱时，应注明所用的溶剂。

另外，由于溶剂本身在紫外光谱区也有其吸收波长范围，故在选用溶剂时，必须考虑它们的干扰。

三、紫外-可见分光光度计

紫外-可见分光光度计由 5 个部件组成：①辐射源，必须具有稳定的、有足够输出功率的、能提供仪器使用波段的连续光谱，如钨灯、卤钨灯（波长范围 350～2 500 nm）、氚灯或氢灯（180～460 nm），或可调谐激光光源等；②单色器，它由入射、出射狭缝、透镜系统和色散元件（棱镜或光栅）组成，是用以产生高纯度单色光束的装置，其功能包括将光源产生的复合光分解为单色光和分出所需的单色光束；③试样容器，又称吸收池，供盛放试液进行吸光度测量之用，分为石英池和玻璃池两种，前者适用于紫外到可见区，后者只适用于可见区，容器的光程一般为 0.5～10 cm；④检测器，又称光电转换器，常用的有光电管或光电倍增管，后者较前者更灵敏，特别适用于检测较弱的辐射，近年来还使用光导摄像管或光电二极管矩阵作检测器，具有快速扫描的特点；⑤显示装置，这部分装置发展较快。较高级的光度计，常备有微处理机、荧光屏显示和记录仪等，可将图谱、数据和操作条件都显示出来。

仪器类型则有：单波长单光束直读式分光光度计，单波长双光束自动记录式分光光度计和双波长双光束分光光度计。

应用范围包括：①定量分析，广泛用于各种物料中微量、超微量和常量的无机和有机物质的测定；②定性和结构分析，紫外吸收光谱还可用于推断空间阻碍效应、氢键的强度、互变异构、几何异构现象等；③反应动力学研究，即研究反应物浓度随时间变化的函数关系，测定反应速度和反应级数，探讨反应机理；④研究溶液平衡，如测定络合物的组成，稳定常数、酸碱离解常数等。

四、测定方法

在测定紫外光谱时一般应用样品的溶液,所使用的溶剂必须具备以下几个条件:①在所测的紫外区域应该是透明的;②对样品有足够的溶解度;③溶剂不与样品作用。

以配制供试品溶液的同批溶剂为空白对照,采用 1 cm 的石英吸收池,在规定的吸收峰波长±2 nm 以内测试几个点的吸收度,或由仪器在规定波长附近自动扫描测定,以核对供试品的吸收峰波长位置是否正确,除另有规定外,吸收峰波长应在该品种项下规定的波长±2 nm 以内,并以吸光度最大的波长作为测定波长。一般供试品溶液的吸收度读数,以在 0.3~0.7 之间的误差较小。仪器的狭缝波带宽度应小于供试品吸收带的半宽度,否则测得的吸收度会偏低。狭缝宽度的选择应以减小狭缝宽度时供试品的吸收度不再增大为准,由于吸收池和溶剂本身可能有空白吸收,因此测定供试品的吸光度后应减去空白读数,或由仪器自动扣除空白读数后再计算含量。当溶液的 pH 值对测定结果有影响时,应将供试品溶液和对照品溶液的 pH 值调成一致。

2.4.4　质谱

质谱不同于红外光谱和核磁共振谱,不是与电磁辐射有关的光谱,而是利用有机化合物在高真空中受热汽化后受到 70eV 高能量电子的轰击,产生分子、离子和各种正离子,然后按照质量与电荷之比(简称质荷比,m/z),分别收集而得到质谱。

质谱样品用量少,可以得到化合物精确的相对分子质量、分子式及分子结构的线索,目前已成为有机化合物结构研究不可缺少的方法。

一、基本原理

使试样中各组分电离生成不同荷质比的离子,经加速电场的作用,形成离子束,进入质量分析器,利用电场和磁场使发生相反的速度色散——离子束中速度较大的离子通过电场后偏转大,速度小的偏转小;在磁场中离子发生角速度矢量相反的偏转,即速度小的离子依然偏转大,速度大的偏转小;当两个场的偏转作用彼此补偿时,它们的轨道便相交于一点。与此同时,在磁场中还能发生质量的分离,这样就使具有同一荷质比而速度不同的离子聚焦在同一点上,不同荷质比的离子聚焦在不同的点上,将它们分别聚焦而得到质谱图,从而确定其质量。

二、质谱与分子结构的关系

质谱法(Mass Spectrometry,MS)用电场和磁场将运动的离子(带电荷的原子、分子或分子碎片,有分子离子、同位素离子、碎片离子、重排离子、多电荷离子、亚稳离子、分子离子-分子相互作用产生的离子)按它们的质荷比分离后进行检测的方法。测出离子准确质量即可确定离子的化合物组成。这是由于核素的准确质量是一多位小数,决不会有两个核素的质量是一样的,而且绝不会有一种核素的质量恰好是另一核素质量的整数倍。分析这些离子可获得化合物的相对分子质量、化学结构、裂解规律和由单分子分解形成的某些离子间存在的某种相互关系等信息。

三、质谱仪

质谱仪种类非常多,工作原理和应用范围也有很大的不同。从应用角度,质谱仪可以分为以下两类。

(1)有机质谱仪:①气相色谱－质谱联用仪(GC－MS);②液相色谱－质谱联用仪(LC－MS);③其他有机质谱仪,主要有:基质辅助激光解吸飞行时间质谱仪(MALDI－TOFMS),傅里叶变换质谱仪(FT－MS)。

(2)无机质谱仪,包括:① 火花源双聚焦质谱仪;② 感应耦合等离子体质谱仪(ICP－MS);③二次离子质谱仪(SIMS)。

第 3 章 有机化学制备实验

3.1 溴乙烷的制备

一、实验目的

(1)学习用结构上相对应的醇为原料制备一卤代烷的实验原理和方法;
(2)学习蒸馏装置和分液漏斗的使用方法,掌握低沸点产品蒸馏的基本操作。

二、实验原理

主反应:

$$NaBr + H_2SO_4 \longrightarrow HBr + NaHSO_4$$

$$CH_3CH_2OH + HBr \xrightarrow{H_2SO_4} CH_3CH_2Br + H_2O$$

副反应:

$$2CH_3CH_2OH \xrightarrow{H_2SO_4} CH_3CH_2OCH_2CH_3 + H_2O$$

$$CH_3CH_2OH \xrightarrow{H_2SO_4} CH_2=CH_2 + H_2O$$

$$2HBr + H_2SO_4(浓) \longrightarrow Br_2 + SO_2 + 2H_2O$$

三、实验试剂

95%乙醇 8.0 g(10 mL,0.17 mol),无水溴化钠 15.4 g(0.15 mol),浓硫酸。

四、物理常数及化学性质

(1)乙醇:相对分子质量 46.07,沸点 78.5℃,$d_4^{20}=0.789\ 3$,$n_D^{20}=1.361\ 1$。无色透明易挥发液体,溶于苯,与水、乙醚、丙酮、乙酸、甲醇、氯仿可以任意比例混合。本品极易燃烧,是一种重要的有机化工原料,也是重要的有机溶剂。

(2)溴乙烷:相对分子质量 108.98,沸点 38.4℃,$d_4^{20}=1.460\ 4$,$n_D^{20}=1.423\ 9$。无色透明液体,有醚的气味,易挥发,易燃,有中等毒性。微溶于水,能与乙醇、乙醚、氯仿等有机溶剂混溶。本品广泛用于农药、燃料、香料的合成,并可作溶剂、制冷剂和熏蒸剂等。也是重要的乙基化试剂。

五、实验装置图

溴乙烷的制备所需装置如图 3-1 所示。

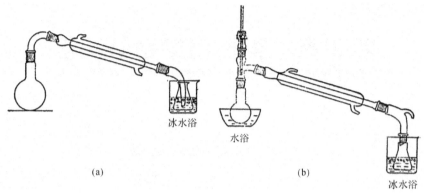

图 3-1　溴乙烷的制备装置图

(a)反应装置；　(b)蒸馏装置

六、实验步骤

在 100 mL 圆底烧瓶中加入 10 mL 95％乙醇及 8 mL 水[1]。在不断旋摇并在冷水冷却下,慢慢加入 20 mL 浓硫酸。冷至室温后,加入 15.4 g 研细的溴化钠[2]及几粒沸石,装上 75°弯管、冷凝管和接引管[3]。接收器内放入少量冷水并浸入冷水浴中,接引管末端则浸没在接收器的冷水中[4]。

在石棉网上用小火[5]加热烧瓶,约 30 min 后慢慢加大火焰,直至无油状物馏出为止[6]。

将馏出物倒入分液漏斗中,分出有机层[7](哪一层?),置于 25 mL 干燥的锥形瓶里。将锥形瓶浸于冰水浴,在旋摇下用滴管慢慢滴加约 6 mL 浓硫酸[8]。用干燥的分液漏斗分去硫酸液,将溴乙烷倒入(如何倒法?)25 mL 蒸馏瓶中,加入几粒沸石,用水浴加热进行蒸馏。将已称量的干燥锥形瓶作接收器,并浸入冰水浴中冷却。收集 34～40℃的馏分[9],产量约 10 g。其红外光谱图如图 3-2 所示,^{1}H NMR 谱图如图 3-3 所示。

本实验约需 4 h。

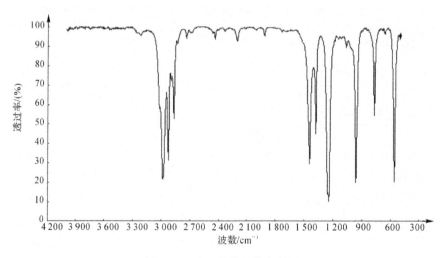

图 3-2　溴乙烷的红外光谱图

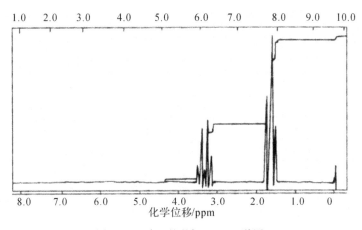

图 3-3　溴乙烷的 ^1H NMR 谱图

注释

　　[1]加少量水可防止反应进行时产生大量泡沫,减少副产物乙醚的生成和避免氢溴酸的挥发。

　　[2]用相当量的 $NaBr \cdot 2H_2O$ 或 KBr 代替均可,但后者价格较高。

　　[3]由于溴乙烷的沸点较低,为使冷凝充分,必须选用效果较好的冷凝管,装置的各接头处要求严密不漏气。

　　[4]溴乙烷在水中的溶解度甚小(1∶100)。为了减少其挥发,常在接收器内预盛少量水。

　　[5]蒸馏速度宜慢,否则蒸气来不及冷却而逸失,而且在开始加热时,常有很多泡沫产生,若加热太剧烈,会使反应物冲出。

　　[6]馏出液由混浊变为澄清时,表示已经蒸完。拆除热源前,应先将接收器与接引管分离开,以防倒吸。稍冷后,将瓶内物趁热倒出,以免硫酸氢钠等冷却后结块,不易倒出。

　　[7]尽可能将水分净,否则当用浓硫酸洗涤时会产生热量而使产物挥发损失。

　　[8]加浓硫酸可除去乙醚、乙醇及水等杂质。为防止产物挥发,应在冷却条件下操作。

　　[9]当洗涤不够时,馏分中仍可能含极少量水及乙醇,它们与溴乙烷分别形成共沸物(溴乙烷-水,沸点37℃,含水约1%;溴乙烷-乙醇,沸点37℃,含醇3%)。

思考题

　　1.在本实验中,哪一种原料是过量的? 为什么? 根据哪种原料计算产率?

　　2.浓硫酸洗涤目的何在?

3.2　正溴丁烷的制备

一、实验目的

(1)熟悉醇与氢卤酸发生亲核取代反应的原理,掌握正溴丁烷的制备方法;

(2)掌握带气体吸收的回流装置的安装与操作及液体干燥操作;

(3)掌握使用分液漏斗洗涤和分离液体有机物的操作技术;

(4)熟练掌握蒸馏装置的安装与操作。

二、实验原理

$$n-C_4H_9OH+NaBr+H_2SO_4\longrightarrow n-C_4H_9Br+NaHSO_4+H_2O$$

三、实验试剂

溴化钠 6.80 g(66.1 mmol),正丁醇 5 mL(4.00 g,54.7 mmol),浓硫酸 8.3 mL(15.27 g,155.7 mmol),饱和碳酸钠溶液。

四、物理常数及化学性质

正溴丁烷:相对分子质量 137.03,沸点 77.06℃,$d_4^{20}=1.270\sim1.277$,$n_D^{20}=1.438\,5\sim1.439\,5$。无色透明液体,易溶于醇和醚。可用作溶剂及有机合成时的烷基化剂及中间体;还可用作塑料紫外线吸收剂及增塑剂的原料;用作医药原料;染料原料、可制备功能性色素的原料(如压敏色素、热敏色素、液晶用双色性色素);可作半导体中间原料;可作有机合成原料。

五、实验装置图

正溴丁烷的制备装置如图 3-4 所示。

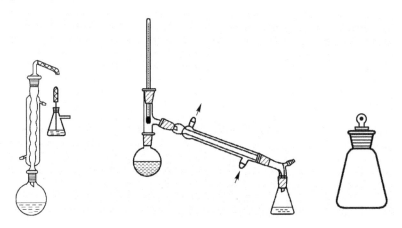

图 3-4　正溴丁烷的制备装置图

六、实验步骤

在 50 mL 圆底烧瓶中加入 6 mL 水和 8.3 mL 浓硫酸,混合均匀后,冷至室温。加入5 mL正丁醇及 6.80 g 溴化钠,振摇后,加入几粒沸石,装上回流冷凝管,冷凝管上端接一溴化氢吸收装置,用5%氢氧化钠溶液作吸收剂。

将烧瓶在石棉网上用小火加热回流 0.5 h,回流过程中不断摇荡烧瓶。反应完毕,稍冷却,改为蒸馏装置,蒸出正溴丁烷,至馏出液清亮为止(用装有 2~3 mL 水的试管,接收几滴蒸馏液,仔细观察是否还有水不溶物)。粗蒸馏液中除正溴丁烷外,常含有水、正丁醚、正丁醇,还有一些溶解的丁烯,液体还可能由于混有少量溴而带颜色。

　　将粗产品移入分液漏斗中,分出水层,有机层用 5% 的亚硫酸氢钠溶液洗一次,以除去溴(若有机层无色,可不用亚硫酸氢钠溶液洗,而用等体积水洗一次)。把有机相转入另一干燥的分液漏斗中,用 4 mL 浓硫酸洗一次,分出硫酸层。有机层再依次用等体积的水、饱和碳酸氢钠溶液及水各洗一次至呈中性。将正溴丁烷分出,放入干燥的锥形瓶中,用无水氯化钙干燥后蒸馏,收集 99～103℃ 馏分。产量 3.00～4.20 g,产率 53%～66%。其红外光谱图如图 3-5 所示,^{1}H NMR 谱图如图 3-6 所示。

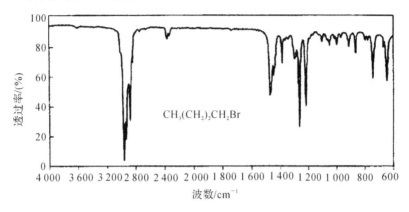

图 3-5　正溴丁烷的红外光谱图

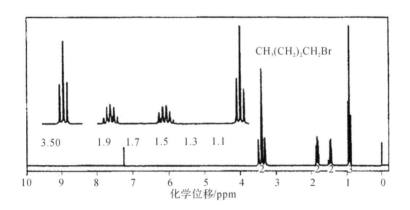

图 3-6　正溴丁烷的[1]H NMR 谱图

七、注意事项

　　(1)在合成中浓硫酸与水混合时要注意冷却,并混合均匀;固体 NaBr 加入时不要黏在瓶口上;气体吸收装置的漏斗不能全部埋在水中。

　　(2)在分离洗涤及浓硫酸洗涤时需干燥的分液漏斗;各步洗涤的目的要明确。

　　(3)在干燥时干燥剂的用量要清楚;最短时间为 0.5 h。

思考题

1.加料时,如不按实验操作中的加料顺序,如先使溴化钠与浓硫酸混合,然后再加正丁醇和水,将会出现何现象?

2.从反应混合物中分离出粗产品正溴丁烷时,为何用蒸馏分离,而不直接用分液漏斗分离?如何判断粗产物正溴丁烷是否蒸完?

3.蒸去正溴丁烷后,烧瓶冷却析出的晶体是什么?

4.本实验有哪些副反应发生?后处理时,各步洗涤的目的何在?为什么要用等体积的浓硫酸洗一次?为什么在用饱和碳酸氢钠水溶液洗涤前,首先要用水洗一次?

3.3 正丁醚的制备

一、实验目的

(1)掌握正丁醇分子间脱水制备正丁醚的反应原理和实验方法;
(2)学习使用分水器的实验操作。

二、实验原理

在醚类中,正丁醚的溶解力强,常用作树脂、油脂、有机酸、蜡、酯、生物碱、烃类等的萃取和精制溶剂,正丁醚和磷酸丁酯的混合液可用作分离稀土元素的溶剂。另外,由于正丁醚是惰性溶剂,可用作橡胶、格氏试剂、农药等有机合成反应溶剂。

正丁醚的制备采用正丁醇在浓硫酸催化下脱水制得。反应是在装有分水器的回流装置中进行,这是因为正丁醇相对密度小于水,且在水中溶解度小,分水器使正丁醇不断返回到反应瓶中,而生成的水则沉于分水器的下端,根据生成水的体积,追踪反应的终点。

主反应:

$$2C_4H_9OH \xrightarrow{H_2SO_4} C_4H_9-O-C_4H_9 + H_2O$$

副反应:

$$2C_4H_9OH \xrightarrow{H_2SO_4} C_2H_5CH=CH_2 + H_2O$$

三、实验试剂

正丁醇 8 mL(6.3 g,0.08 mol),浓硫酸 1.5 mL,氢氧化钠 1 g,无水氯化钙,饱和氯化钠溶液。

四、物理常数及化学性质

正丁醚:相对分子质量130.23,沸点142.0℃,$d_4^{20}=0.7689$,$n_D^{20}=1.3992$。无色液体,不溶于水,与乙醇、乙醚混溶,易溶于丙酮。本品毒性较小,易燃,有刺激性。本品常用作树脂、油脂、有机酸、生物碱、激素等的萃取和精制溶剂。

五、实验装置图

正丁醚的制备装置如图 3－7 所示。

六、实验步骤

在干燥的 100 mL 三口烧瓶中,加入 8 mL(6.3 g,0.08 mol)正丁醇,不断摇动下缓慢加入 1.5 mL 浓硫酸[1]和几粒沸石,均匀后,再在三口烧瓶一侧口装上温度计,温度计水银球浸入液面以下,距瓶底 0.5～1 cm 处,中间口装上分水器,分水器上安装一回流冷凝管,在分水器中加入水至满,然后放出 1 mL[2],另一侧口用塞子塞住。加热,保持反应物微沸,回流分水。反应生成的水以恒沸物形式蒸出,经冷凝后沉于分水器的下层,较水轻的有机层积至分水器支管时,返回三口烧瓶中[3],当三口烧瓶内反应物温度升至 135℃左右[4],分水器全部被水充满时,停止反应,反应约需 1.5 h。

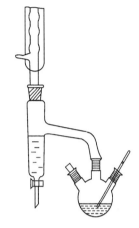

图 3－7　正丁醚的制备装置图

将反应液冷却至室温,连同分水器中的水一起倒入盛有 15 mL 水的分液漏斗中,充分摇荡,静置分层后弃去水层,有机层用 10 mL 10％的氢氧化钠溶液洗至碱性[5]。依次用 5 mL 水及 5 mL 饱和氯化钠溶液洗涤,然后用无水氯化钙干燥。将干燥后的产物滤入蒸馏瓶中,蒸馏收集 140～144℃馏分,计算产率。正丁醚的红外光谱图如图 3－8 所示。

本实验需 5～6 h。

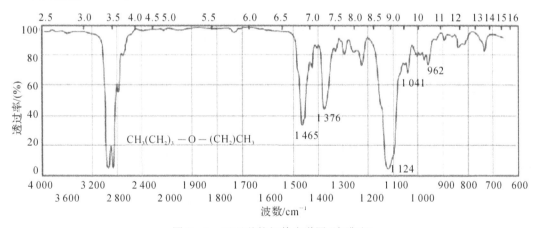

图 3－8　正丁醚的红外光谱图(液膜法)

注释

　　[1]因浓硫酸有强氧化性,快速加入会使液体颜色加深、发黑,因此应在摇动下缓慢加入浓硫酸。

　　[2]本实验理论计算脱水量约为 0.8 mL,实际分出水的量略大于理论量,故分水器放满水后应先分掉 1 mL 水。

　[3]反应中生成的水是利用恒沸蒸馏方法除去的。反应中生成的二元恒沸物有：正丁醚-水(沸点94.1℃,含正丁醚66.6%,含水33.4%)、正丁醇-水(沸点93.0℃,含正丁醇55.5%,含水45.5%)、正丁醇-正丁醚(沸点117.6℃,含正丁醇82.5%,含正丁醚17.5%)。生成的三元恒沸物有正丁醇-正丁醚-水(沸点90.6℃,含正丁醇34.6%,含正丁醚35.5%,含水33.4%)。

　[4]由于恒沸物的生成,在开始回流时很难达到较合适的反应温度(130～140℃)。随着反应的进行,生成的水不断以恒沸物的形式排出,反应温度维持在115～120℃。

　[5]在用氢氧化钠洗至碱性操作中,不能剧烈摇动分液漏斗,防止生成的乳浊液堵塞分液漏斗下口而影响分离。

思考题

　1.制备乙醚和正丁醚,在实验装置上有什么不同？为什么？

　2.反应中可能产生的副产物是什么？各步洗涤的目的何在？

　3.能否用本实验的方法制备混醚？你认为用什么方法制备混醚合适？请写出有关反 应式。

3.4　三苯甲醇的制备

一、实验目的

(1)掌握格氏试剂的制备及应用；

(2)巩固搅拌、滴加、回流、萃取、蒸馏等基本操作。

二、实验原理

在实验室中主要用 Grignard 反应制备叔醇：

三、实验试剂

金属镁 0.75 g,溴苯 3.2 mL,无水乙醚 12.5 mL,苯甲酸乙酯 2.2 mL,氯化铵 3.8 g。

四、物理常数及化学性质

(1)苯甲酸乙酯:相对分子质量 150.12,沸点 213℃,$n_D^{20}=1.500\,1$,$d_4^{20}=1.050\,9$。无色澄清液体,具有芳香气味,微溶于水,溶于乙醇和乙醚。本品是一种香料和溶剂,亦是有机合成中间体。

(2)溴苯:相对分子质量 157.02,沸点 156℃,$n_D^{20}=1.569\,7$,$d_4^{20}=1.495\,2$。无色油状液体,不溶于水,溶于苯、乙醇、醚、氯苯等有机溶剂。易燃,本品是有机合成原料,可用于合成医药、农药、染料等。

(3)三苯甲醇:相对分子质量 260.33,熔点 164.2℃。白色晶体,不溶于水,易溶于苯、醇、醚和冰醋酸。本品是一种有机合成原料。

五、实验装置图

三苯甲醇的制备装置如图 3-9 所示。

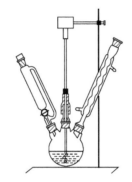

图 3-9　三苯甲醇的制备装置图

六、实验步骤

取金属镁带用砂纸擦去表面氧化膜,直至完全洁净光亮,剪成碎屑,称取 0.75 g (0.03 mol)置于 100 mL 三口烧瓶中,在瓶口分别安装搅拌器、回流冷凝管和滴液漏斗,如图 3-9 所示[1]。将 3.2 mL 溴苯(4.8 g,0.03 mol)与 12.5 mL 无水乙醚[2]混合于滴液漏斗中,在冷凝管口安装氯化钙干燥管。

将滴液漏斗中的混合液放下约 5 mL 到三口烧瓶中,用手捂住瓶底温热片刻,镁屑表面有气泡产生,表明反应开始。如无反应,可投入一小粒碘引发反应[3]。如仍不反应,可用温水浴稍稍加热使之反应。待反应较激烈时开动搅拌,并滴入其余的混合液,滴加的速度以维持反应液微沸并有少量回流为宜。滴完后用温水浴加热回流约半小时,使镁作用完全。

用冷水浴冷却三口烧瓶。将 2.2 mL 苯甲酸乙酯(2.3 g,0.015 mol)与 5 mL 无水乙醚混匀,在搅拌下通过滴液漏斗加入三口烧瓶中,加入的速度以维持反应液微沸为宜。加完后以温水浴加热回流 1 h。

改用冰水浴冷却三口烧瓶,在继续搅拌下将 3.8 g 氯化铵配成饱和水溶液通过滴液漏斗滴入三口烧瓶中,滴完后继续搅拌数分钟[4]。改用简单蒸馏装置,投入 2~3 颗沸石,水浴加热蒸除乙醚后,瓶中析出大量黄色固体。再改用水蒸气蒸馏装置进行水蒸气蒸馏,直至馏出液中不再含有黄色油珠为止[5]。冷却,抽滤,粗品约 3 g。用 6:1 乙醇-水混合溶剂重结晶,得产物 2.3~2.4 g,收率 57.6%~61.5%[6]。其红外光谱图如图 3-10 所示。

本实验约需 9 h。

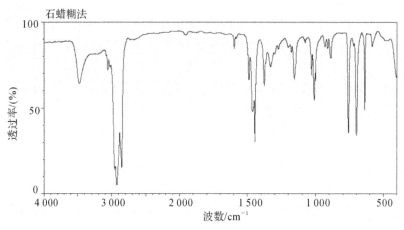

图 3-10　三苯甲醇的红外光谱图

注释

　　[1]格氏反应需在绝对无水的条件下进行,所用全部仪器和药品都必须充分干燥,并避免空气中水分侵入。搅拌棒应很好密封,如采用简易密封装置则应以少量石蜡油润滑并增进密封效果。

　　[2]无水乙醚必须自己制备,不可直接使用市售的无水乙醚。

　　[3]如果不加碘可以反应,最好不加碘。若必须加碘引发,亦不可多加,有四分之一粒绿豆大小即可,多加会产生较多副产物。

　　[4]此时瓶中固体应全部溶解。如仍有少量絮状沉淀未溶,可加入稀盐酸使之溶解。

　　[5]黄色油珠是未反应的溴苯,必须蒸除干净,以免给后处理带来麻烦。在正常情况下油珠并不多,但若溴苯过量,或镁屑不足,或反应不充分,则会有较多油状物将粗产品变成团球状,不易蒸除。此时可暂停蒸馏,小心将团球破碎再重新开始蒸馏,直至粗产品分散成近于无色的透明晶粒,再无油珠蒸出为止。有时在冷凝管中会结出少量无色晶体,熔点 71℃,此是副产物联苯,不可混入产物。也可以用下述方法代替水蒸气蒸馏:在蒸除乙醚后抽滤,将所得固体投入 20 mL 石油醚(沸点 90~120℃)中,搅拌数分钟,再抽滤收集粗产物,收率略低。

　　[6]也可直接用二苯酮制备三苯甲醇。先按本实验所述方法制得苯基格氏试剂,在冷水浴冷却下滴由由 5.5 g 二苯酮溶于 15 mL 无水乙醚所制成的溶液,滴完后继续搅拌加热回流 0.5 h,然后在冰水浴冷却下滴入用 12 g 氯化铵配制的饱和水溶液分解加成物。以后的处理相同,得量 4~5 g,收率 51%~64%。

七、注意事项

(1)所用仪器、药品必须经过严格的干燥处理,否则反应很难进行,并可使生成的格氏试剂分解。

(2)卤代烃与镁的作用很难发生,通常温热或用一小粒碘作催化剂,以促使反应开始。

(3)滴加的速度太快,反应过于激烈,不易控制,并会增加副产物的生成。

(4)为了使反应易于发生,故搅拌应在反应开始以后进行。若 5 min 后反应仍不开始,可用温水浴或直接加入一小粒碘促使反应开始。

思考题

1. 实验中溴苯加入过快有何不好?

2. 为什么用饱和氯化铵溶液分解产物? 还有何试剂可代替?

3. 进行重结晶时,何时加入活性炭为宜? 若用混合溶剂重结晶,加入大量不良溶剂有何不好? 抽滤后的结晶应用什么溶剂洗涤?

4. 格氏试剂与哪些化合物反应可以制得伯、仲、叔醇? 写出各自的化学反应式。

3.5　乙酸乙酯的制备

一、实验目的

(1)熟悉酯化反应原理及进行的条件,掌握乙酸乙酯的制备方法;

(2)掌握液体有机物的精制方法;

(3)熟悉常用的液体干燥剂,掌握其使用方法。

二、实验原理

$$CH_3COOH + CH_3CH_2OH \xrightarrow{H_2SO_4} CH_3COOCH_2CH_3 + H_2O$$

为了提高酯的产量,本实验采取加入过量乙醇及不断将反应中生成的酯和水蒸出的方法。在工业生产中,一般采用加入过量的乙酸,以便使乙醇转化完全,避免由于乙醇和水及乙酸乙酯形成二元或三元恒沸物给分离带来困难。

三、实验试剂

冰乙酸 15 g(14.3 mL,0.025 mol),95%乙醇 18.4 g(23 mL,0.037 mol),浓硫酸,碳酸钠,饱和氯化钠水溶液,无水硫酸镁。

四、物理常数及化学性质

乙酸乙酯:相对分子质量88.11,沸点 77.06℃,$d_4^{20} = 0.894\,6$,$n_D^{20} = 1.371\,9$。无色澄清液体,有芳香气味。易溶于氯仿、丙酮、醇、醚等有机溶剂,稍溶于水,遇水有极缓慢的水解。易挥发,遇明火、高热易燃。本品是用途最广的脂肪酸酯之一,具有优异的溶解能力。

五、实验装置图

乙酸乙酯的制备装置如图 3-11 所示。

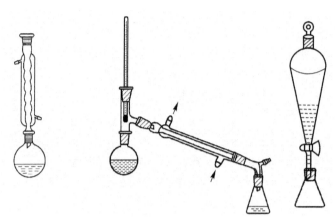

图 3-11　乙酸乙酯的制备装置图

六、实验步骤

在 100 mL 圆底烧瓶中加入 14.3 mL 冰乙酸和 23 mL 乙醇,在摇动下慢慢加入 7.5 mL 浓硫酸,混合均匀后加入几粒沸石,装上回流冷凝管。在水浴上加热回流 0.5 h。稍冷后,改为蒸馏装置,直至在沸水浴上不再有馏出物为止,得粗乙酸乙酯。在摇动下慢慢向粗产物中加入碳酸钠粉末,直至不再有二氧化碳气体逸出,有机相对 pH 试纸呈中性为止。将液体转入分液漏斗中,摇振后静置,分去水相,有机相用 10 mL 饱和食盐水洗涤。弃去下层液,酯层转入干燥的锥形瓶用无水硫酸镁干燥。

将干燥后的粗乙酸乙酯滤入 50 mL 蒸馏瓶中,在水浴上进行蒸馏,收集 73~78℃馏分,产量 10~12 g。乙酸乙酯的红外光谱如图3-12所示。

本实验需 6 h。

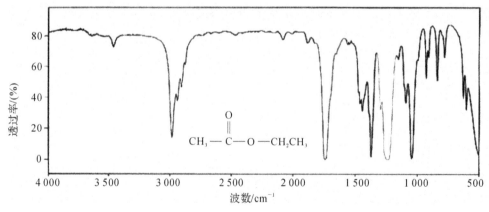

图 3-12　乙酸乙酯的红外光谱图

七、注意事项

(1)催化剂浓硫酸的使用不应过量,少量可起催化作用,如用量过多,由于氧化作用,反而对反应不利。

(2)温度不可过高,否则会增加副产物乙醚的含量。滴加速度过快会使醋酸和乙醇来不及作用而被蒸出。

(3)碳酸钠除去未反应的醋酸,剩下的碳酸钠溶液经分离、饱和食盐水洗涤除去,否则下一步用饱和氯化钙溶液洗去醇时,会产生絮状沉淀,造成分离困难。

> **思考题**
>
> 1.酯化反应有什么特点,本实验如何创造条件促使酯化反应尽量向生成物进行?
>
> 2.本实验可能有哪些副反应?
>
> 3.在酯化反应中,用作催化剂的硫酸量,一般只需醇质量的 3% 就够了,本实验中为何用了 7 mL?
>
> 4.如果采用乙酸过量是否可以? 为什么?

3.6　乙酸正丁酯的制备

一、实验目的

(1)掌握酯化反应原理和以醇和酸制备乙酸正丁酯的原理及方法;
(2)掌握共沸蒸馏分水法的原理和分水器(油水分离器)的使用;
(3)巩固共沸蒸馏的实验操作。

二、实验原理

正丁醇和乙酸在浓硫酸存在下发生酯化反应,生成乙酸正丁酯。
反应式:

$$CH_3\overset{O}{\overset{\|}{C}}OH+CH_3CH_2CH_2CH_2OH \underset{}{\overset{H_2SO_4}{\rightleftharpoons}} CH_3\overset{O}{\overset{\|}{C}}OCH_2CH_2CH_2CH_3+H_2O$$

为了将反应中生成的水除去,采取共沸蒸馏法,使生成的酯和水以共沸物形式蒸出。

三、实验试剂

正丁醇 11.5 mL,冰醋酸 7.2 mL,浓硫酸,10% 碳酸钠溶液,硫酸镁。

四、物理常数及化学性质

(1)正丁醇:相对分子质量74.12,沸点117.25℃,$d_4^{20}=0.8908$,$n_D^{20}=1.3993$。无色澄清液体,有芳香气味。微溶于水,溶于乙醇、醚多数有机溶剂。用于制取酯类、塑料增塑剂、医药、喷漆,以及用作溶剂。

(2)冰醋酸:相对分子质量60.05,沸点117.9℃,$d_4^{20}=1.0492$,$n_D^{20}=1.3716$。无色液

体,有强烈刺激性气味。易溶于水、乙醇、乙醚和四氯化碳。用来制造电影胶片所需要的醋酸纤维素和木材用胶黏剂中的聚乙酸乙烯酯。

(3)乙酸正丁酯:相对分子质量116.16,沸点126.1℃,$d_4^{20} = 0.8764,n_D^{20} = 1.3907$。常温下为无色透明液体,溶于乙醇、乙醚,微溶于水,有甜的果香,稀释后则有令人愉快的菠萝、香蕉似的香气。用作硝化纤维及漆类的溶剂。

五、实验装置图

乙酸正丁酯的制备装置如图3-13所示。

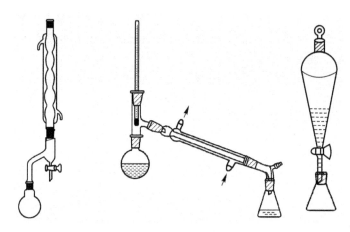

图3-13 乙酸正丁酯的制备装置图

六、实验步骤

在干燥的50 mL圆底烧瓶中加入11.5 mL正丁醇和7.2 mL冰醋酸,再加入3～4滴浓硫酸[1],混合均匀,投入沸石,然后安装分水器及回流冷凝管,并在分水器中预先加水至略低于支管口。加热回流,反应一段时间后把水逐渐分去,保持分水器中水层液面在原来的高度[2]。约40 min后不再有水生成,表示反应完毕。停止加热,记录分出的水量[3]。冷却后卸下回流冷凝管,把分水器分出的酯层和圆底烧瓶中的反应液一起转入分液漏斗中。用10 mL水洗涤,分出水层。之后用10 mL 10%碳酸钠溶液洗涤,分出水层,最后用10 mL水洗涤,分出水层后,将酯层倒入小锥形瓶中,加入适量无水硫酸镁干燥。

将干燥后的乙酸正丁酯滤入干燥的30 mL圆底烧瓶中,加入沸石,加热蒸馏,收集124～126℃的馏分,称量并计算产率。其红外光谱图如图3-14所示。

注释

[1]浓硫酸在反应中起催化作用,故只需少量。

[2]本实验利用恒沸物除去酯化反应生成的水。正丁醇、乙酸正丁酯和水可以形成以下几种恒沸物(见表3-1),含水的恒沸物冷凝为液体时,分为两层,上层为含水的酯和醇,下层主要是水。

[3]根据分出的总水量(注意:扣除预先加到分水器中的水量),可以粗略地估计酯化反应完成的程度。

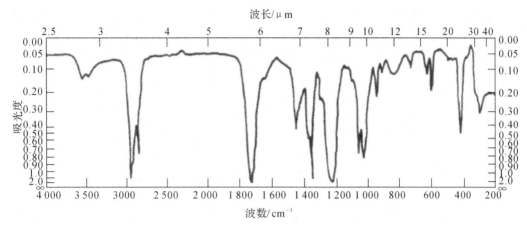

图 3 − 14　乙酸正丁酯的红外光谱图

表 3 − 1　恒沸物组成及对应沸点

项　目	恒沸混合物	沸点/℃	质量分数/(%)		
			乙酸正丁酯	正丁醇	水
二元	乙酸正丁酯-水	90.7	72.9		27.1
	正丁醇-水	93.0		55.5	44.5
	乙酸正丁酯-正丁醇	117.6	32.8	67.2	
三元	乙酸正丁酯-正丁醇-水	90.7	63.0	8.0	29.0

思考题

1.酯化反应有什么特点？本实验如何提高产品收率？如何加快反应速度？

2.计算反应完全应分出多少水。

3.7　苯甲酸乙酯的制备

一、实验目的

(1)掌握酯化反应原理及苯甲酸乙酯的制备方法；

(2)复习分水器的使用及液体有机化合物的精制方法。

二、实验原理

羧酸酯一般可由羧酸和醇在少量浓硫酸催化下反应制得。苯甲酸乙酯的制备一般也应用此方法，以苯甲酸与乙醇为原料制得。

$$\text{C}_6\text{H}_5\text{COOH} + \text{C}_2\text{H}_5\text{OH} \xrightarrow[60℃]{\text{H}_2\text{SO}_4} \text{C}_6\text{H}_5\text{COOC}_2\text{H}_5 + \text{H}_2\text{O}$$

三、实验试剂

苯甲酸 6.1 g(0.05 mol),95％的乙醇 13 mL(0.22 mol),环己烷 10 mL,浓硫酸 2 mL,碳酸钠粉末,乙醚 10 mL,无水氯化钙。

四、物理常数及化学性质

(1)苯甲酸:相对分子质量 122.12,沸点 249℃,熔点 122℃,$n_D^{20}=1.539\ 7$,$d_4^{15}=1.265\ 9$。白色结晶,略有特殊臭味。稍溶于水,能溶于乙醇、乙醚、氯仿、丙酮、苯等有机溶剂,是一种重要的有机合成原料。

(2)苯甲酸乙酯:相对分子质量 150.12,沸点 213℃,$n_D^{20}=1.500\ 1$,$d_4^{20}=1.050\ 9$。无色澄清液体,具有芳香气味,微溶于水,溶于乙醇和乙醚。本品是一种香料和溶剂,亦是有机合成中间体。

五、实验装置图

苯甲酸乙酯的制备装置如图 3-15 所示。

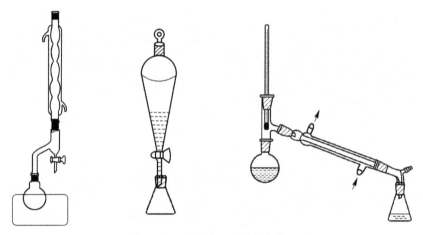

图 3-15　苯甲酸乙酯的制备装置图

六、实验步骤

在 100 mL 圆底烧瓶中加入 6.1 g(0.05 mol)苯甲酸、13 mL(0.22 mol)95％乙醇、10 mL 环己烷及 2 mL 浓硫酸,摇匀后加入沸石,再装上分水器。从分水器上端小心地加环己烷至分水器支管处[1],再在分水器上端接一回流冷凝管。

用水浴加热至回流,开始时回流速度要慢些[2],随着回流的进行,分水器中分为两层。逐渐分出下层液体至总体积约 15 mL[3],即可停止加热。继续用水浴加热,使多余的环己烷和乙醇蒸至分水器中[4]。

将瓶中残液倒入盛有 20 mL 冷水的烧杯中,在搅拌下分批加入碳酸钠粉末[5],中和至无二氧化碳气体产生,用 pH 试纸检验呈中性。

用分液漏斗分出粗产物[6]。用 10 mL 乙醚萃取水层。将醚层和粗产物合并,用无水氯化钙干燥。先用水浴蒸去乙醚,再在石棉网上加热,收集 211～213℃的馏分,产量约 6 g[7](产率约 80%)。其红外光谱图如图 3-16 所示。

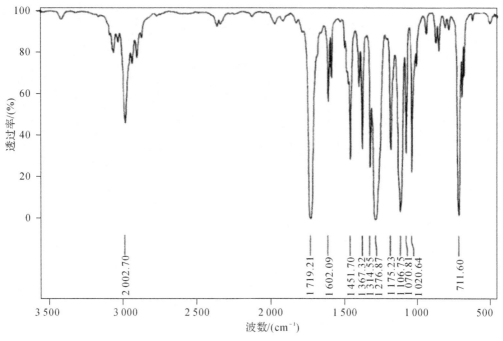

图 3-16　苯甲酸乙酯的红外光谱图

注释

[1]为了便于观察水层的分出,本实验在油水分离器中加入带水溶剂环己烷,加至支管口。

[2]如回流速度过快易形成液泛。

[3]水-乙醇-环己烷三元共沸物的共沸点为 62.6℃,其中含水 4.8%、乙醇 19.7%、环己烷 75.5%。根据理论计算,生成的水(包括 95%的乙醇的含水量)约 1.5 g。(分出的 15 mL 液体经较长时间静置可得约 1.5 mL 水)

[4]当多余的环己烷和乙醇充满分水器时,可由活塞放出,注意放时要移去火源。

[5]加碳酸钠是为了除去硫酸和未反应的苯甲酸,要研细后分批加入。否则,反应过于剧烈,会产生大量的泡沫而使液体溢出。

[6]若粗产物中含有絮状物难以分层,可直接用适量乙醚萃取。

[7]本实验也可按以下步骤进行:将 6 g 苯甲酸、18 mL 95%的乙醇、2 mL 浓硫酸混匀,加热回流 1.5 h,改成蒸馏装置,蒸去乙醇后处理方法同上。若用 99.5%的乙醇,可提高产率。

思考题

1.本实验采用何种措施提高酯的产率?

2.为什么采用分水器除水?

3. 何种原料过量？为什么？为什么要加苯？

4. 浓硫酸的作用是什么？常用酯化反应的催化剂有哪些？

5. 为什么用水浴加热回流？

6. 在萃取和分液时，两相之间有时出现絮状物或乳浊液，难以分层，如何解决？

3.8 己二酸的制备

一、实验目的

(1)学习用环己醇氧化制备己二酸的原理和方法；

(2)学习带有电动搅拌装置的操作技术；

(3)进一步掌握重结晶、减压过滤等操作。

二、实验原理

1. 方法一

$$3\diamondsuit\!-\!OH+8KMnO_4+H_2O\longrightarrow 3HOOC(CH_2)_4COOH+8MnO_2+8KOH$$

2. 方法二

$$3\diamondsuit\!-\!OH+8KNO_3\longrightarrow 3HOOC(CH_2)_4COOH+8NO+7H_2O$$
$$\xrightarrow[\quad]{4O_2}8NO_2$$

三、实验试剂

1. 方法一

10%氢氧化钠溶液 5 mL，水 50 mL，高锰酸钾 6.0 g，环己醇 2.1 mL，浓盐酸 4 mL，亚硫酸氢钠，活性炭。

2. 方法二

50%的硝酸 6.4 mL，环己醇 2.1 mL，钒酸铵。

四、物理常数及化学性质

(1)环己醇：相对分子质量 100.16，沸点 160.9℃，$d_4^{20}=0.9624$，$n_D^{20}=1.465$。无色、有樟脑气味、晶体或液体。微溶于水，可混溶于乙醇、乙醚、苯、乙酸乙酯、二硫化碳、油类等。用于制己二酸、增塑剂和洗涤剂等，也用于溶剂和乳化剂。

(2)己二酸：相对分子质量 146.14，沸点 332.7℃，$d_4^{20}=1.360$。白色结晶体，有骨头烧焦的气味。微溶于水，易溶于酒精、乙醚等大多数有机溶剂。用作合成高聚物的原料，也用于制增塑剂及润滑剂。

五、实验装置图

己二酸的制备装置如图 3-17 所示。

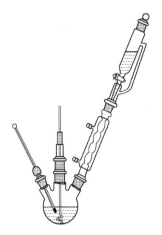

图 3-17　己二酸的制备装置图

六、实验步骤

1. 方法一

将装有 5 mL 10% 氢氧化钠溶液和 50 mL 水的 100 mL 三口烧瓶安装在带水浴装置的磁力搅拌器上。启动搅拌(开始时水浴装置中不加水),加入 6.0 g 高锰酸钾。待高锰酸钾溶解后用滴管慢慢加入 2.1 mL(2.0 g,0.02 mol)环己醇。控制滴速以维持反应温度在 45℃左右。滴完后继续搅拌至温度开始下降。用沸水浴加热烧瓶 5 min 使反应完全并使二氧化锰沉淀凝结。用玻璃棒蘸一滴反应混合液点到滤纸上做点滴实验,如有高锰酸钾存在,则在二氧化锰斑点的周围出现紫色的环,可向反应混合物中加少量亚硫酸氢钠固体至点滴实验无紫色环出现为止。

趁热抽滤混合物,用少量热水洗涤二氧化锰滤渣 3 次。合并滤液和洗涤液,用约 4 mL 浓盐酸酸化,至溶液呈强酸性,加少量活性炭煮沸脱色,趁热过滤。滤液隔石棉网加热浓缩至 14~15 mL,冷却后抽滤,收集晶体,干燥后得 1.8~2.2 g,产率 61.6%~75.3%,熔点 151~152℃。

本实验需 3~4 h。

2. 方法二

(1)在 100 mL 的三口烧瓶中放入浓度为 50% 的硝酸 6.4 mL(8.4 g,0.136 mol)及一小粒钒酸铵[1],瓶口分别装置温度计、搅拌器及 Y 形管。Y 形管的直口装滴液漏斗,斜口装气体吸收装置,用碱液吸收产生的氧化氮气体。将 2.1 mL 环己醇[2](2 g,0.05 mol)放置在滴液漏斗中[3]。

(2)用水浴将三口烧瓶加热至约 60℃,移开水浴,启动搅拌,慢慢地将环己醇滴入硝酸中[4],反应放热,瓶内温度上升并有红棕色气体产生[5]。控制滴速使反应温度维持在 50~60℃,必要时,可用预先准备好的冰水浴或热水浴调节温度。滴加过程约需 30 min,滴完后在继续搅拌下用沸水浴加热 15 min 左右,至基本不再有红棕色气体产生为止。稍冷后将反应物小心地倒入一浸在冰水浴中的烧杯里。待结晶完全后抽滤收集晶体,用 4~8 mL 冷水洗涤晶体。粗产物干燥后重约 2.4 g,熔点 149~151℃。用水重结晶[6]所得精制品约 2 g,产率约 68％,熔点 152~153℃。其红外光谱图如图 3－18 所示。

本实验约需 4 h。

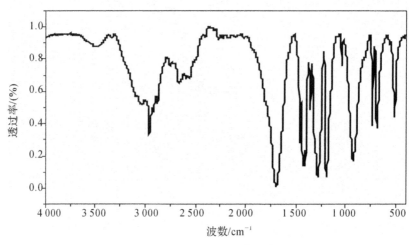

图 3－18 己二酸的红外光谱图

注释

　　[1] 钒酸铵$(NH_4)_3VO_4$为催化剂,市售一般为偏钒酸铵 NH_4VO_3,在水溶液中形成钒酸铵的平衡体系,其中各种钒酸根的浓度之比取决于溶液的 pH 值。

　　[2] 在量取环己醇时不可使用量过的硝酸的量筒,因为二者会激烈反应,容易发生意外。

　　[3] 环己醇熔点 25.1℃,在较低温度下为针状晶体,熔化时为黏稠液体,不易倒净。因此量取后可用少量水荡洗量筒,一并加入滴液漏斗中,这样既可减少器壁黏附损失,也因少量水的存在而降低环己醇的熔点,避免在滴加过程中结晶堵塞滴液漏斗。

　　[4] 本反应强烈放热,环己醇切不可一次加入过多,否则反应太剧烈,可能引起爆炸。

　　[5] 二氧化氮为有毒的致癌物质,应避免逸散室内。装置应严密,最好在通风橱内进行实验。如发现气体逸出,应立即暂停实验,待调整严密后重新开始。

　　[6] 己二酸在水中的溶解度(g / 100 mL 水)分别为 1.44^{15},3.08^{34},8.46^{50},34.1^{70},94.8^{80},100^{100},所以洗涤晶体的溶液或重结晶滤出晶体后所得母液若经浓缩后再冷却结晶,还可以收回一些纯度较低的产品。

3.9 苯甲酸和苯甲醇的制备

一、实验目的

(1)熟悉康尼查罗反应及用苯甲醛制备苯甲酸和苯甲醇的原理;

(2)复习分液漏斗的使用及重结晶、抽滤等操作;

(3)掌握搅拌、萃取、蒸馏和减压蒸馏等基本技能。

二、实验原理

本实验应用康尼查罗反应,以苯甲醛作为反应物,在浓的氢氧化钠的作用下,制备苯甲醇和苯甲酸。其反应式如下。

主反应:

$$2\ \text{C}_6\text{H}_5\text{CHO} + \text{NaOH} \longrightarrow \text{C}_6\text{H}_5\text{CH}_2\text{OH} + \text{C}_6\text{H}_5\text{COONa} \xrightarrow{\ \text{H}^+\ } \text{C}_6\text{H}_5\text{COOH}$$

副反应:

$$\text{C}_6\text{H}_5\text{CHO} + \text{O}_2 \longrightarrow \text{C}_6\text{H}_5\text{COOH}$$

三、实验试剂

苯甲醛 12 mL(12.6 g,0.12 mol),氢氧化钠 6.48 g(0.16 mol),浓盐酸 40 mL(47.6 g,1.34 mol),乙酸乙酯 30 mL,饱和亚硫酸氢钠溶液 5 mL,10%碳酸钠溶液 10 mL,无水硫酸镁。

四、物理常数及化学性质

(1)苯甲醛:相对分子质量 106.12,沸点 179℃,$d_4^{15} = 1.044\ 0$,$n_D^{20} = 1.546\ 3$。无色或浅黄色,具有强折射性,为挥发性油状液体,有苦杏仁味,微溶于水,能与乙醇、乙醚等混溶,在空气中易氧化成苯甲酸。是一种重要的化工原料。

(2)苯甲酸:相对分子质量 122.12,沸点 249℃,$d_4^{15} = 1.265\ 9$。白色单斜晶系片状或针状结晶体,略带安息香或苯甲醛气味,在 100℃ 时能升华。易溶于醇、氯仿、醚、丙酮,溶于苯、二硫化碳、松节油,微溶于水、石油醚。是一种重要的有机化工原料。

(3)苯甲醇:相对分子质量 108.12,沸点 205.3℃,$d_4^{20} = 1.041\ 9$,$n_D^{20} = 1.53\ 96$。无色透明或水白色液体,无臭,有芳香气味。微溶于水,能与乙醇、乙醚、氯仿等混溶。遇明火、高热及强的氧化剂、酸类能引起燃烧。广泛应用于有机化学工业,主要用作染料、纤维素酯的溶剂,香精的添加剂,油漆的溶剂等,也可用于色谱分析。

五、实验装置图

本实验中各步骤使用的装置如图 3-19 所示。

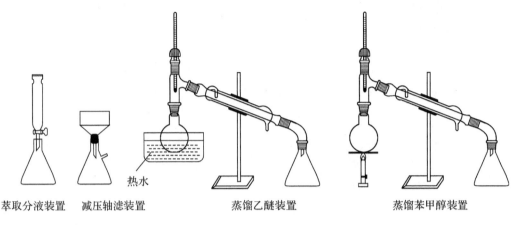

萃取分液装置　　减压轴滤装置　　蒸馏乙醚装置　　　　蒸馏苯甲醇装置

热水

图 3-19　各步骤装置图

六、实验步骤

(1)歧化反应。在烧杯中加入 11 mL 水和 6.48 g 固体氢氧化钠,搅拌使之溶解,在冷水浴中冷却至 25℃。量取 12 mL 新蒸馏过的苯甲醛[1],加到 150 mL 磨口锥形瓶中,再加入氢氧化钠溶液。用磨口塞将烧瓶塞紧,振摇混合物使之充分混合,形成乳浊液。将混合物在室温静置 24 h 或更长时间。反应结束时,<u>应不再有苯甲醛气味</u>。

(2)萃取苯甲醇。向上述反应混合物中加 40~45 mL 水,使白色沉淀物溶解,可以稍微温热或搅拌以助溶解。用 30 mL 乙醚均分 3 次萃取该溶液(注意:要保存好分出的下层水溶液,供制取苯甲酸用)[2]。合并乙醚提取液,依次用 5 mL 饱和亚硫酸氢钠溶液[3]、10 mL 10% 碳酸钠溶液[4]及 10 mL 冷水洗涤。洗涤后的乙醚萃取液用无水硫酸镁干燥。

将经过干燥的乙醚溶液,先在热水浴上加热,蒸出乙醚[5]。然后待蒸馏后剩余液体冷却后,改用空气冷凝管,在石棉网上加热蒸馏,收集 198~204℃的馏液。称量,计算产率。

测定产物的沸点与折射率。测定产物的红外光谱。

(3)制取苯甲酸。在 250 mL 烧杯中加入 40 mL 水和 250 g 碎冰,再加入 40 mL 浓盐酸搅拌均匀,然后将上述保存的分出的水溶液,在不断搅拌下,以细流状慢慢地加入[6]。冷却至室温后,减压抽滤,用滤纸片压干。取出产物经烘干后称重,计算产率[7]。

(4)精制苯甲酸。将粗制苯甲酸加入 250 mL 烧杯中,加入 100~150 mL 水[8],加热至沸腾,使固体溶解(若有少量固体未溶解,可逐渐补加少量水)。待溶液冷却、结晶后,进行减压过滤,滤出固体(要记录滤液体积数),烘干后称量,计算产率。

测定产物的熔点及分析检测谱图,相关物质的红外光谱图和 ^{1}H NMR 谱图如图 3-20~图3-25所示。

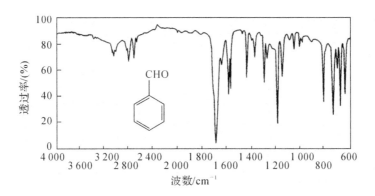

图 3－20　苯甲醛的红外光谱图

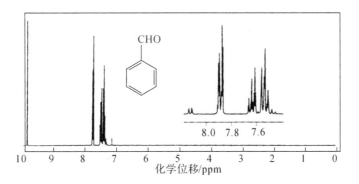

图 3－21　苯甲醛的^{1}H NMR 谱图

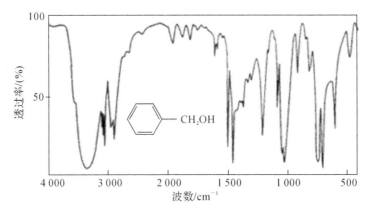

图 3－22　苯甲醇的红外光谱图

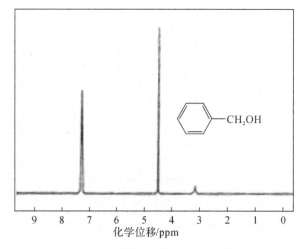

图 3-23　苯甲醇的 ^{1}H NMR 谱图

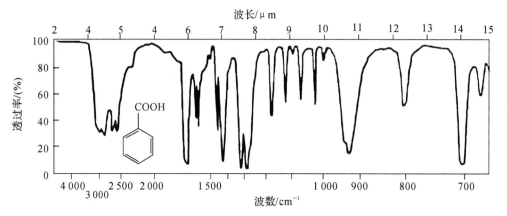

图 3-24　苯甲酸的红外光谱图

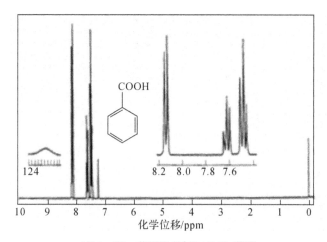

图 3-25　苯甲酸的 ^{1}H NMR 谱图

注释

　　[1] 苯甲醛（benzaldehyde）：无色或浅黄色液体。熔点 $-26℃$，沸点 $179℃$。$d_4^{15}=$ $1.044\,0$。$n_D^{20}=1.546\,3$。与乙醇、乙醚、丙酮、氯仿、苯混溶。微溶于水。能随水蒸气挥发。闪点 $64.44℃$（闭杯），$73.89℃$（开杯）。燃点 $192.22℃$。空气中容许浓度 $5\,mg/m^3$，久置后易发生氧化反应。

　　[2] 乙醚（ethyl ether，$CH_3CH_2OCH_2CH_3$）：无色透明液体。熔点 $-116.2℃$，沸点 $34.5℃$。$d_4^{20}=0.713\,8$。$n_D^{20}=1.354\,2$。能与多数有机溶剂相互溶解。乙醚在水中溶解度（$25℃$）为 6.9%，水在乙醚中溶解度（$20℃$）为 1.3%，乙醚（98.8%）与水（1.2%）组成的共沸物，共沸点为 $34.2℃$。乙醚易挥发，易燃，燃点 $179.4℃$。闪点 $-40℃$（闭杯），$-45℃$（开杯）。乙醚萃取苯甲酸形成上层液，下层液水相中含有苯甲酸钠等。

　　[3] 用于洗去未反应而残存的苯甲醛。

　　[4] 中和残存在乙醚提取液中的盐酸。

　　[5] 蒸馏乙醚的操作。

　　[6] 盐酸用于将苯甲酸钠酸化为苯甲酸。

　　[7] 如实验时间不足，可在此结束实验。

　　[8] 各人实验的重结晶实际水量，视样品多少而有所不同。

思考题

　　1. 为什么苯甲醛要使用新蒸馏过的？久置的苯甲醛有何杂质？对反应有何影响？

　　2. 用饱和亚硫酸氢钠可以洗涤产品中何种杂质？为什么？

　　3. 用 10% 碳酸钠溶液可以洗涤产品中何种杂质？

　　4. 在本次实验中，一共排放了多少废水和废渣？你有什么治理方案？

3.10　环己酮的制备

一、实验目的

(1) 学习由醇氧化法制备酮的实验方法；

(2) 掌握由环己醇氧化制备环己酮的实验操作；

(3) 进一步熟练掌握分液漏斗的使用方法。

二、实验原理

$$Na_2Cr_2O_7 + H_2SO_4 \longrightarrow 2CrO_3 + Na_2SO_4 + H_2O$$

总反应式：

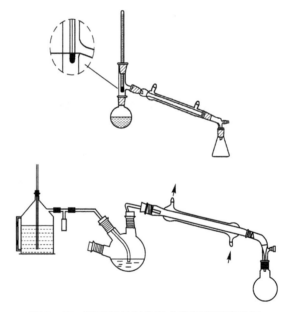

三、实验试剂

浓硫酸 10 mL,环己醇 10.5 mL,重铬酸钠 10.5 g,草酸 0.5 g,氯化钠 10 g,乙酸乙酯 30 mL,无水碳酸钾。

四、物理常数及化学性质

(1)环己醇:相对分子质量 100.16,沸点 161.1℃,$d_4^{20}=0.949\ 3$,$n_D^{20}=1.446\ 5$。无色油状吸湿性液体,低于 23℃时为白色结晶,有樟脑的气味,易潮解;微溶于水,可与乙醇、乙酸乙酯、乙醚、芳烃、丙酮、氯仿等大多数有机溶剂以及油类混溶,是一种重要的化工原料和溶剂。本品有毒,能刺激黏膜,引起眼睛不明,肝脏受损害,麻痹中枢神经。

(2)环己酮:相对分子质量 98.14,沸点 155.65℃,$d_4^{20}=0.947\ 8$,$n_D^{20}=1.450\ 7$。无色可燃性液体,微溶于水,能与醇、醚及其他溶剂混溶。本品是生产聚酰胺的重要原料。

五、实验装置图

环己酮的制备和水蒸气蒸馏装置如图 3-26 所示。

图 3-26　环己酮的制备和水蒸气蒸馏装置图

六、实验步骤

1.常量实验

在 250 mL 圆底烧瓶中加入 60 mL 冰水,然后慢慢加入 10 mL 浓硫酸。充分混合后,在搅拌下慢慢加入 10 g(10.5 mL,0.1 mol)环己醇。在混合液中放一温度计,并将溶液温度降至 30℃以下。

将重铬酸钠 10.5 g(0.035 mol)溶于盛有 6 mL 水的烧杯中。将此溶液分批加入圆底烧瓶中,并不断振摇使之充分混合。氧化反应开始后,混合液迅速变热,且橙红色的重铬酸盐变为墨绿色的低价铬盐。当烧瓶内温度达到 55℃时,可用冷水浴适当冷却,控制温度不超过 60℃。待前一批重铬酸盐的橙色消失后,再加入下一批。加完后继续振摇直至温度有自动下降的趋势为止,最后加入 0.5 g 草酸使反应液完全变为墨绿色[1]。

反应瓶中加入 50 mL 水,并改为蒸馏装置[2]。将环己酮和水一起蒸馏出来(环己酮与水的共沸点为 95℃),直至馏出液澄清后再多蒸 5～10 mL,共收集馏液 40～45 mL[3]。将馏出液用 7.5～10 g 精盐饱和,分液漏斗分出有机层,水层用 30 mL 乙酸乙酯萃取 2 次,合并有机层和萃取液,用无水碳酸钾干燥。粗产品进行蒸馏,先蒸出乙酸乙酯后,改用空气冷凝管冷却,收集 150～156℃的馏分。产品重 12～13 g,产率 62％～67％。本实验约需 7 h。

2. 半微量实验

在 50 mL 圆底烧瓶中加入 10 mL 冰水,然后慢慢加入 2.5 mL 浓硫酸。充分混合后,在搅拌下缓慢加入环己醇 1.92 g(2 mL,19.24 mmol)。在混合液中放入一温度计,并将溶液温度降至 30℃。

将重铬酸钠 3.5 g(11.6 mmol)溶于盛有 2 mL 水的烧杯中。将此溶液用滴管分批加入圆底烧瓶中,并不断振摇使之充分混合。氧化反应开始后,混合液迅速变热,且橙红色的重铬酸盐变为墨绿色的低价铬盐。当瓶内温度达到 55℃时,可用冷水浴适当冷却,控制温度不超过 60℃。待前一批重铬酸盐的橙色消失之后,再加入下一批。加完后继续振摇直至温度有自动下降的趋势为止,最后加入 0.15 g 草酸使反应液完全变成墨绿色。

反应瓶中加入 12 mL 水,用简易水蒸气蒸馏装置,将环己酮和水一起蒸馏出来(环己酮和水的共沸点为 95℃),直至馏出液澄清。将馏出液用适量精盐饱和,分液漏斗分出有机层,水层用 6 mL 乙醚萃取 2 次,合并有机层和萃取液,用无水碳酸钾干燥。蒸出乙醚,烧瓶中剩余物即为产品。产品重 1.2～1.3 g,产率 62％～66％。

环己酮的分析检测谱图如图 3－27、图 3－28 所示。

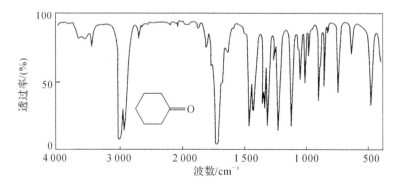

图 3－27　环己酮的红外光谱图

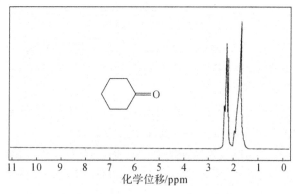

图 3-28　环己酮的 ^{1}H NMR 谱图

注释

　　[1]若不除去过量的重铬酸钠,后面蒸馏时,环己酮将进一步氧化,开环成己二酸。

　　[2]这实际上是简易的水蒸气蒸馏装置。

　　[3] 31℃时,环己酮在水中的溶解度为 2.4 g,即使用盐析,仍不可避免有少量环己酮损失,故水的馏出量不宜过多。

七、注意事项

　　(1)本实验是一个放热反应,必须严格控制温度。

　　(2)在 250 mL 烧杯中,溶解 5.25 g 重铬酸钠于 30 mL 水中,在搅拌下,慢慢加入 4.5 mL 浓硫酸,得到一橙色溶液,冷却至 30℃ 以下备用。

　　(3)本实验使用大量乙醚作溶剂和萃取剂,故在操作时应特别小心,以免出现意外。

　　(4)31℃时,环己酮在水中的溶解度为 2.4 g/100 mL。加入粗盐的目的是为了降低溶解度,有利于分层。水的馏出量不宜过多,否则即使使用盐析,仍不可避免有少量的环己酮溶于水而损失掉。

思考题

　　1.为什么要将重铬酸钠溶液分批加入反应瓶中?

　　2.如欲将乙醇氧化成乙醛,为避免进一步氧化成乙酸应采取哪些措施?

　　3.当氧化反应结束时,为何要加入草酸?

3.11　环己酮肟的制备

一、实验目的

学习用醛、酮和羟胺的缩合反应制备肟的反应原理及实验方法。

二、实验原理

$$\text{环己酮}=O + NH_2OH \cdot HCl \xrightarrow{CH_3COONa} \text{环己酮}=NOH + H_2O$$

三、实验试剂

环己酮 3.9 mL（3.8 g，0.038 mol），羟胺盐酸盐 3.5 g（0.05 mol），结晶乙酸钠 5 g（0.036 mol）。

四、物理常数及化学性质

(1)环己酮：相对分子质量 98.14，沸点 155.65，$n_D^{20}=1.450\ 7$，$d_4^{20}=0.947\ 8$。无色可燃性液体，微溶于水，能与醇、醚及其他溶剂混溶。本品是生产聚酰胺的重要原料。

(2)环己酮肟：相对分子质量 113.14，熔点 89～90℃，棱柱体白色结晶。不溶于水，溶于乙醇和乙醚，本品系有机合成中间体。

五、实验装置图

环己酮肟的制备装置如图 3－29 所示。

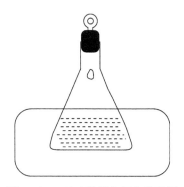

图 3－29　环己酮肟的制备装置图

六、实验步骤

在 250 mL 锥形瓶中，加入 25 mL 水和 3.5 g 羟胺盐酸盐，摇动，使之溶解。加入 3.9 mL 环己酮，摇动，使之溶解。在一烧杯中，把 5 g 结晶乙酸钠溶于 10 mL 水中，将此乙酸钠溶液滴加到上述溶液中，边加边摇动锥形瓶，即可得粉末状环己酮肟。为使反应进行得完全，用橡皮塞塞紧瓶口，用力振荡约 5 min。把锥形瓶放入冰水浴中冷却。粗产物在布氏漏斗上抽滤，用少量水洗涤，尽量挤出水分。取出滤饼，放在空气中晾干。产量 3.5～4 g。产物可直接用于贝克曼重排实验。其红外光谱图如图 3－30 所示，核磁共振谱图如图 3－31 所示。

思考题

1.为什么把反应混合物先放到冰水浴中冷却后再过滤？

2.粗产物抽滤后，用少量水洗涤除去什么杂质？用水量的多少对产物有什么影响？

石蜡糊法

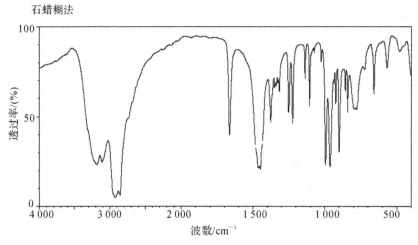

图 3-30　环己酮肟的红外光谱图

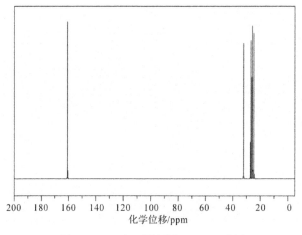

图 3-31　环己酮肟的 ¹H NMR 谱图

3.12　己内酰胺的制备

一、实验目的

(1)学习己内酰胺的制备原理和方法；
(2)熟练减压蒸馏操作。

二、实验原理

三、实验试剂

环己酮肟 2.0 g(36.0 mmol),环己酮 2.5 g(25.5 mmol),无水醋酸钠 3.5 g (42.7 mmol),浓硫酸,20％氨水,四氯化碳,石油醚,硫酸镁。

四、物理常数及化学性质

己内酰胺,英文名称:caprolactam。分子式:$C_6H_{11}NO$,相对分子质量:113.18,白色晶体。熔点:69～70℃,沸点:270℃,$d_4^{20}=1.05$,$n_D^{20}=1.4935$。溶于水,溶于乙醇、乙醚、氯仿等多数有机溶剂。

(1)健康危害:经常接触本品可致神经衰弱,还可引起鼻出血、鼻干、上呼吸道炎症及胃灼热感等。本品易经皮肤吸收,引起皮肤损害,包括皮肤干燥、角质层增多、皮肤皲裂、脱屑和全身性皮炎等。

(2)燃爆危险:遇高热、明火或与氧化剂接触,有引起燃烧的危险。受高热分解,产生有毒的氮氧化物。粉体与空气可形成爆炸性混合物,当达到一定的浓度时,遇火星即可发生爆炸。

(3)主要用途:用以制取己内酚胺树脂、己内酰胺纤维和人造革等,也用作医药原料。

五、实验装置图

己内酰胺的制备装置如图 3 - 32 所示。

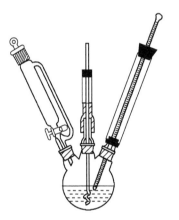

图 3 - 32　己内酰胺的制备装置图

六、实验步骤

在 100 mL 烧杯中,加入 2 g (17.7 mmol)环己酮肟和 4 mL 85％硫酸,旋摇烧杯使其混合均匀。在烧杯内放 1 支 200℃温度计,用电热套缓慢加热,当开始产生气泡时(约 120℃时),立即移去电热套,停止加热。此时,发生强烈的放热反应,温度很快自行上升至 160℃以上[1],反应在数秒内即可完成。

稍冷却后,将此溶液倒入 100 mL 三颈烧瓶中,并在冰盐浴中冷却。三颈烧瓶上分别安装搅拌器、温度计和滴液漏斗。当溶液温度下降至 0～5℃时,在搅拌下小心滴入 20％氨水,控制溶液温度在 20℃ 以下(以免己内酰胺在温度较高时发生水解)[2],直至溶液使石蕊试纸变蓝色,溶液呈碱性(pH≈8,通常需加入约 12 mL 20％氨水),反应约需 1 h。

将反应混合液转入分液漏斗中,每次用 10 mL 四氯化碳萃取 2 次。合并有机相溶液,用无水硫酸镁干燥、过滤,将滤液滤入干燥的圆底烧瓶中,加入 1~2 粒沸石,在水浴上常压蒸馏,蒸出大部分溶剂,至剩余液约 1.5 mL,小心地向溶液中加入石油醚(30~60℃),到出现浑浊为止[3]。将圆底烧瓶置于冰浴中冷却、结晶。抽滤,用少量石油醚洗涤晶体,得到己内酰胺产品约 1 g,产率约 50％。

己内酰胺易潮解,应储存于密闭的容器中,其分析谱图如图 3-33、图 3-34 所示。

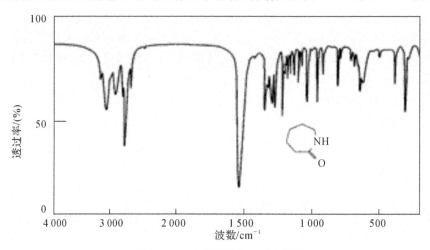

图 3-33　己内酰胺的红外光谱图

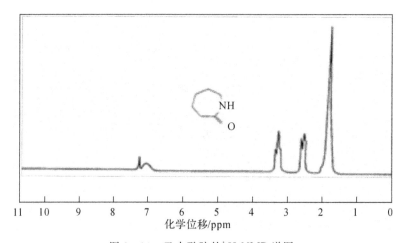

图 3-34　己内酰胺的 ¹H NMR 谱图

注释

[1]由于重排反应进行剧烈,故需在大烧杯中反应,以利于散热,使反应缓和。

[2]用氨水中和时,反应强烈放热,且开始时溶液黏稠,散热慢,因此滴加氨水速度要慢。如果滴加氨水速度太快,会造成局部过热,发生酰胺水解而降低收率。

[3]若加入石油醚的量超过原溶液 4～5 倍仍未出现浑浊,说明剩下的四氯化碳溶液太多。需加入沸石,重新蒸出大部分溶剂直到剩下很少量的四氯化碳溶液时,再加入石油醚进行结晶。

思考题

1.反式甲基乙基酮肟经贝克曼重排得到什么产物?

2.如果用氨水中和时,反应温度过高,将发生什么反应?

3.13　苯亚甲基苯乙酮的制备

一、实验目的

(1)掌握羟醛缩合反应的原理和机理;

(2)学会查尔酮的合成方法;

(3)掌握机械搅拌器、恒压滴液漏斗的使用。

二、实验原理

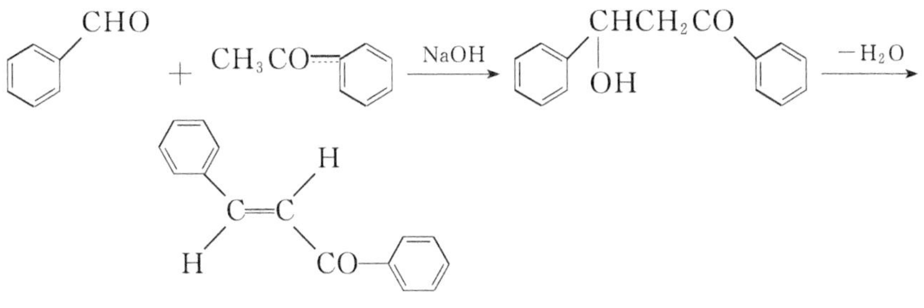

三、实验试剂

苯甲醛 2.5 mL(2.625 g,0.025 mol),苯乙酮 3 mL(3.085 g,0.025 mol),10%氢氧化钠,95%乙醇。

四、物理常数及化学性质

(1)苯甲醛:相对分子质量 106.12,沸点 179℃,熔点 −26℃,$n_D^{20}=1.546\ 3$,$d_4^{20}=1.044\ 0$。无色或浅黄色液体,具有类似苦杏仁的香味。能与乙醇、乙醚、氯仿等混溶,微溶于水,能进行水蒸气蒸馏,是医药、染料、香料和树脂工业的重要原料,主要用于制造月桂醛、月桂酸、品绿等,还可用作溶剂、增塑剂和低温润滑剂等。在香精业中主要用于调配食用香精,少量用于日化香精和烟用香精中。

(2)苯乙酮:相对分子质量 120.15,沸点 202.6℃,熔点 20.5℃,$n_D^{20}=1.537\ 2$,$d_4^{20}=1.028\ 1$。无色低熔点晶体,能发生羰基的加成反应、α活泼氢的反应,还可发生苯环上的亲电取代反应,主要生成间位产物。主要用作制药及其他有机合成的原料,也用于配制香料。用于制香皂和香烟,也可用作纤维素醚、纤维素酯和树脂等的溶剂以及塑料的增塑剂,有催眠性。

(3)苯亚甲基苯乙酮:相对分子质量 208.26,沸点 345～348℃,熔点 20.5℃。易溶于醚、氯仿、二硫化碳和苯,微溶于醇,难溶于冷石油醚,吸收紫外光,有刺激性,能发生取代、加成、缩合、氧化、还原反应。可用于有机合成,如甜味剂的合成。

五、实验装置图

苯亚甲基苯乙酮的制备装置如图 3-35 所示。

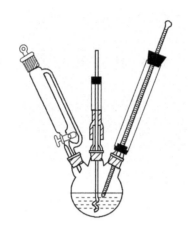

图 3-35 苯亚甲基苯乙酮的制备装置图

六、实验步骤

向配有搅拌器、恒压滴液漏斗和温度计的 100 mL 三口烧瓶中依次加入 12.5 mL 10％氢氧化钠溶液、7.5 mL 95％乙醇和 3 mL(3.085 g,0.025 mol)苯乙酮[1]。在搅拌下,自滴液漏斗慢慢滴加 2.5 mL(2.625 g,0.025 mol)新蒸的苯甲醛,控制滴加速度使反应温度维持在 25～30℃[2],必要时用冷水浴冷却。滴加完毕,维持此温度继续搅拌 30 min,再在室温下搅拌 1～1.5 h,有晶体析出[3]。停止搅拌,将反应液置于冰水浴中冷却 10～15 min,使结晶完全。

抽滤收集产物,用水充分洗涤至洗出液呈中性,然后用约 5 mL 冷乙醇洗涤晶体,挤压抽干。粗产品[4]用95％的乙醇重结晶[5],得浅黄色片状结晶[6] 3～3.5 g。苯亚甲基苯乙酮的分析谱图如图 3-36、图 3-37 所示。

本实验约需 6 h。

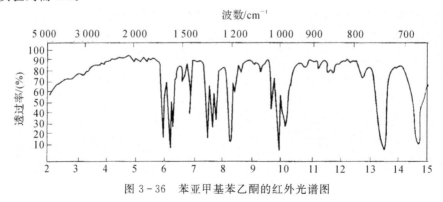

图 3-36 苯亚甲基苯乙酮的红外光谱图

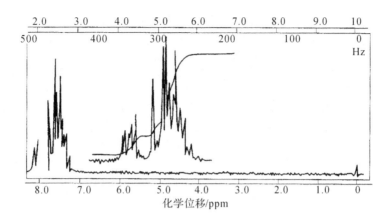

图 3-37　苯亚甲基苯乙酮的[1]H NMR 谱图

注释

　　[1]苯乙酮和苯甲醛的用量要准确量取。

　　[2]反应温度以 $25\sim30℃$ 为宜,偏高则副产物较多,过低则产物发黏,不易过滤和洗涤。

　　[3]一般室温搅拌 1 h 后即有晶体析出。

　　[4]本产品可引起某些人皮肤过敏,故操作时要谨慎,勿触及皮肤。

　　[5]由于产物熔点较低,重结晶回流时可能会呈熔融状,此时,应补加溶剂使其呈均相。每克粗产品需 $4\sim5$ mL 溶剂,若颜色较深可加少量活性炭脱色。

　　[6]通常得到的是片状的 α 体。

七、注意事项

(1)搅拌器要装正。

(2)温度计不能装,会打碎;稀碱最好新配(浓度要够)。

(3)一定要按顺序加入试剂,因为可抑制副反应发生过多。

(4)控制好温度,参见注释[2]。

(5)滴加完苯甲醛搅拌时间最好 1 h,见注释[3]。

(6)洗涤时要充分,转移至烧杯中进行。

(7)重结晶时一定要使产物完全溶解,呈均相,见注释[5]。

(8)产物对某些人皮肤过敏,注意尽量不与皮肤接触。

思考题

　　1. 本反应的介质和催化剂是什么? 试写出催化机理。

　　2. 本实验可能会发生哪些副反应? 如何避免副反应的发生?

3.14 甲基橙的制备

一、实验目的

(1)通过甲基橙的制备学习重氮化反应和偶合反应的实验操作;
(2)巩固盐析和重结晶的原理和操作。

二、实验原理

三、实验试剂

对氨基苯磺酸晶体 1.05 g(0.005 mol),亚硝酸钠 0.4 g(0.055 mol),N,N-二甲基苯胺 0.6 g(约 0.65 mL,0.005 mol);盐酸,氢氧化钠,乙醇,乙醚,冰醋酸,淀粉-碘化钾试纸。

四、物理常数及化学性质

(1)对氨基苯磺酸:相对分子质量 173.19,$d_4^{20}=1.485$,是一种白色至灰白色粉末,在空气中吸收水分后变为白色结晶体,带有一个分子的结晶水。在冷水中微溶,溶于沸水,微溶于乙醇、乙醚和苯,有明显的酸性,能溶于氢氧化钠溶液和碳酸钠溶液。用于制造偶氮染料等,也可用作防治麦锈病的农药。

(2)N,N-二甲基苯胺:相对分子质量 121.18,沸点 193.1℃,是一种黄色油状液体,不溶于水,溶于乙醇、乙醚、氯仿。用作染料中间体、溶剂、稳定剂、分析试剂。

(3)甲基橙:相对分子质量 327.33,为橙红色鳞状晶体或粉末。微溶于水,较易溶于热水,不溶于乙醇。甲基橙之所以能作为指示剂,是因为它的分子内含有可成盐的基团(一般为酚羟

基、氨基、磺酸基、羧基),这也是此类染料进行改善颜色和提高染色效果的基础。甲基橙的变色机理如下:

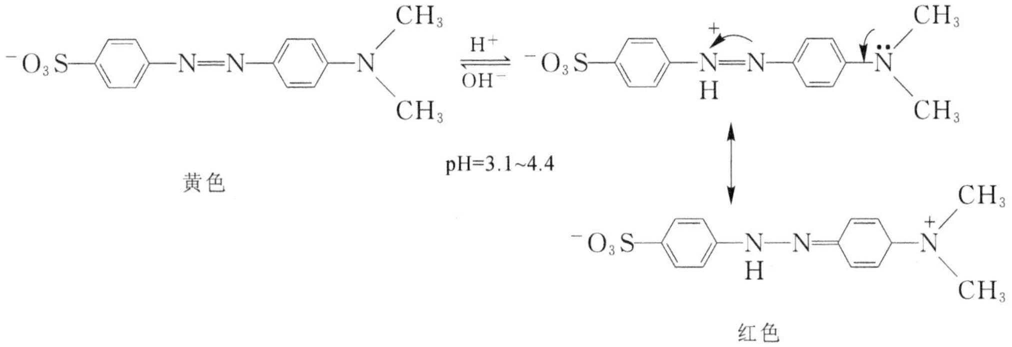

五、实验步骤

1.重氮盐的制备

在烧杯中放入 5 mL 5％氢氧化钠溶液及 1.05 g 对氨基苯磺酸[1]晶体,温热使溶解。另将 0.4 g 亚硝酸钠溶于 3 mL 水中,加入上述烧杯内,用冰浴冷至 0～5℃。在不断搅拌下,将 1.5 mL 浓盐酸与 5 mL 水配成的溶液缓缓滴加到上述混合溶液中,并控制温度在 5℃以下。滴加完后用淀粉-碘化钾试纸检验[2]。然后在冰浴中放置 15 min 以保证反应完全[3],有白色晶体析出。

2.偶合

混合 0.6 g N,N-二甲基苯胺和 0.5 mL 冰醋酸,在不断搅拌下,将此溶液慢慢加到上述冷却的重氮盐溶液中。加完后,继续搅拌 10 min,然后慢慢加入 12.5 mL 10％氢氧化钠溶液,直至反应物变为橙色,这时反应物呈碱性,粗制的甲基橙呈细粒状沉淀析出[4]。将反应物在沸水浴上加热 5 min,冷至室温后,再在冰水浴中冷却,使甲基橙晶体析出完全。抽滤收集晶体,依次用少量的水、乙醇、乙醚洗涤,压干。

若要得到较纯的产品,可用溶有少量氢氧化钠(约 0.1 g)沸水(每克粗产物约需 5 mL)进行重结晶。待结晶析出完全后,抽滤收集,沉淀依次用少量乙醇、乙醚洗涤[5]。得到橙色的小叶片状甲基橙结晶[6],产量约 1 g。

溶解少许甲基橙于水中,加几滴稀盐酸溶液,然后用稀的氢氧化钠溶液中和,观察颜色的变化。

本实验约需 6 h。甲基橙的红外光谱图如图 3-38 所示。

注释

　　[1]对氨基苯磺酸是两性化合物,酸性比碱性强,以酸性内盐存在,所以它能与碱作用成盐而不能与酸作用成盐。

　　[2]若试纸不显蓝色,尚需补充亚硝酸钠溶液。

　　[3]此时往往析出对氨基苯磺酸的重氮盐。这是因为重氮盐在水中可以电离,形成中性内盐,在低温时难溶于水而形成细小晶体析出。

---

[4]若反应物中含有未作用的 N,N-二甲基苯胺醋酸盐,在加入氢氧化钠后,就会有难溶于水的 N,N-二甲基苯胺析出,影响产物的纯度。湿的甲基橙在空气中受到光照后,颜色很快变深,所以一般得紫红色粗产物。

[5]重结晶操作应迅速,否则由于产物呈碱性,在温度高时易使产物变质,颜色变深。用乙醇、乙醚洗涤的目的是使其迅速干燥。

[6]甲基橙的另一制法:在 50 mL 烧杯中放置 1.05 g 研细的对氨基苯磺酸和 10 mL 水,在冰盐浴中冷却至 0℃左右,然后加入 0.4 g 研细的亚硝酸钠,不断搅拌,直到对氨基苯磺酸全溶为止。

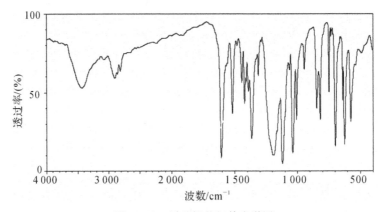

图 3-38　甲基橙的红外光谱图

在另一试管中放入 0.6 g(0.65 mL)N,N-二甲基苯胺,使其溶于 7.5 mL 乙醇中,冷却到 0℃左右。然后,在不断搅拌下滴加到上述冷却的重氮化溶液中,继续搅拌 2~3 min。在搅拌下加入 1~1.5 mL 1 mol/L 氢氧化钠溶液。

将反应物(产物)在石棉网上加热至全部溶解。先静置冷却,待生成相当多美丽的小叶片状晶体后,再于冰水中冷却,抽滤,产品可用 8~10 mL 水重结晶,并用 3 mL 酒精洗涤,以促其快干。产量约 1 g,产品为橙色。

用此法制得的甲基橙颜色均一,但产量略低。

六、注意事项

(1)重氮盐的制备:对氨基苯磺酸的钠盐无色;0~5℃的温度控制及浓盐酸的浓度要够,重氮盐为肉色;用淀粉-碘化钾试纸检验反应的完全程度很重要,试纸变蓝;$HNO_2 + KI$ 可生成 I_2,加料的顺序不要颠倒。

(2)偶合:加完叔胺和冰醋酸后,颜色为橙色或棕红色,氢氧化钠加入后溶液为棕红色。

(3)分离:水洗碱;乙醇洗水;乙醚洗醇,加快干燥速度。

(4)提纯:重结晶操作要迅速,否则由于产物呈碱性,在温度高时易变质,颜色变深。产物自然晾干,烘干易使颜色加深,甚至发黑。

(5)检验:水溶液为黄色,加酸后显红色,加碱后显黄色。

思考题

1.什么叫偶联反应？试结合本实验讨论一下偶联反应的条件。

2.在本实验中,制备重氮盐时为什么要将对氨基苯磺酸变成钠盐?本实验如改成下列操作步骤:先将对氨基苯磺酸与盐酸混合,再滴加亚硝酸钠溶液进行重氮化反应,可以吗?为什么?

3.试解释甲基橙在酸碱介质中的变色原因,并用反应式表示。

3.15　8-羟基喹啉的制备

一、实验目的

(1) 学习合成 8-羟基喹啉的原理和方法;
(2) 巩固回流加热和水蒸气蒸馏等基本操作。

二、实验原理

三、实验试剂

无水甘油 9.5 g,邻氨基苯酚 2.8 g,邻硝基苯酚 1.8 g,浓硫酸 5 mL,氢氧化钠 6.0 g,乙醇,饱和碳酸钠。

四、物理常数及化学性质

(1)无水甘油:相对分子质量 92.10,沸点 290℃,熔点 17.8℃,$n_D^{20}=1.474\,6$。能与水、醇以任何比例混和。微溶于乙醚、乙酸乙酯,不溶于苯、氯仿、四氯化碳、二硫化碳、汽油。能从空气中吸收潮气,也能吸收硫化氢、氰化氢、二氧化硫。对石蕊呈中性。遇三氧化铬、氯酸钾、高锰酸钾等强氧化剂能引起燃烧和爆炸,无毒。并用作溶剂、吸湿剂、防冻剂(细胞冻存)。

(2)邻氨基苯酚:相对分子质量 109.13,沸点 153℃,熔点 177℃。白色针状晶体,久置时转变成粉红色至棕色或黑色。溶于水、乙醇和乙醚,微溶于苯。遇三氯化铁变成红色。与无机酸作用生成易溶于水的盐。用于制硫化染料和偶氮染料,也用作毛皮染料(毛皮黄 A)。可作为有机合成和染料中间体。

(3)邻硝基苯酚:相对分子质量 139.11,沸点 216℃,熔程 44~45℃,$n_D^{20}=1.572\ 3$。浅黄色针晶或棱晶。溶于乙醇、乙醚、苯、二硫化碳、苛性碱和热水中,微溶于冷水。能随水蒸气挥发。有毒。有杏仁味。用于医药,染料,橡胶助剂,感光材料的中间体;亦可用作单色 pH 值指示剂。

五、实验装置图

8-羟基喹啉的制备装置如图 3-39 所示。

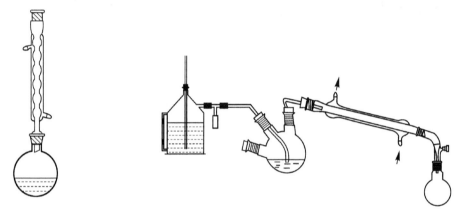

图 3-39　8-羟基喹啉的制备装置图

六、实验步骤

在 100 mL 三口烧瓶中加入 9.5 g 无水甘油[1],并加入 1.8 g 邻硝基苯酚和 2.8 g 邻氨基苯酚,混合均匀。然后缓慢加入 5 mL 浓硫酸[2],装上回流冷凝管,用小火加热。当溶液微沸时,立即移去热源[3]。反应大量放热,待反应缓和后,继续加热,保持反应物微沸 1.5~2 h。稍冷后,进行水蒸气蒸馏,至馏出物中无油状物,去除未反应的邻硝基苯酚。瓶内液体冷却后,加入 6.0 g 氢氧化钠溶于 6 mL 水的溶液。再小心滴入饱和碳酸钠溶液,使溶液呈中性[4]。再进行水蒸气蒸馏,蒸出 8-羟基喹啉(收集馏出液 200~250 mL)[5]。馏出液充分冷却后,抽滤收集析出物,洗涤干燥后得粗产物 5 g 左右。粗产物用 4:1(体积比)的乙醇-水混合溶剂重结晶,得 8-羟基喹啉纯品 2~2.5 g,计算产率[6]。

取 0.5 g 上述产物进行升华操作,可得针状结晶。8-羟基喹啉的红外光谱图如图 3-40所示,^{1}H NMR 谱图如图 3-41 所示。

本实验需 6~8 h。

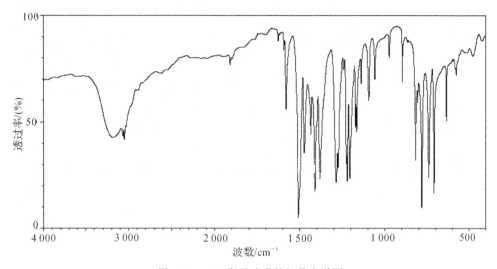

图 3-40　8-羟基喹啉的红外光谱图

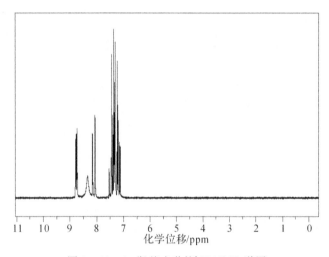

图 3-41　8-羟基喹啉的 ^{1}H NMR 谱图

注释

　　[1]所用甘油含水量不应超过 $0.5\%(d_4^{20}=1.26)$。如果甘油中含水量较大,8-羟基喹啉的产量不好。可将普通甘油在通风橱内置于瓷蒸发皿中加热至 180℃,然后冷至 100℃ 左右,放入盛有浓硫酸的干燥器中备用。

　　[2]试剂必须按所述次序加入,如果先加入浓硫酸,反应往往很剧烈,不易控制。

　　[3]此系放热反应,溶液呈微沸,表示反应已经开始。如继续加热,则反应过于剧烈,会使溶液冲出容器。

　　[4]8-羟基喹啉既溶于酸又溶于碱而成盐,成盐后不被水蒸气蒸馏蒸出,故必须小心中和,控制 pH 在 7~8。中和恰当时,瓶内析出沉淀最多。

[5]为确保产物蒸出,在水蒸气蒸馏后,对残液 pH 再进行一次检查,必要时再次进行水蒸气蒸馏。

[6]产率以邻氨基苯酚计算,不考虑邻硝基苯酚部分转化后参与反应的量。

思考题

1.为什么第一次水蒸气蒸馏在酸性下进行,而第二次又要在中性下进行?

2.为什么在第二次水蒸气蒸馏前,一定要很好地控制 pH 范围? 碱性过强时有何不利? 若发现碱性过强,应如何补救?

3.具有什么条件的固体有机化合物能用升华法进行提纯?

4.如果在斯克洛浦合成中用 β-萘胺或邻苯二胺为原料与甘油反应,应得到什么产物?

3.16 安息香的合成

一、实验目的

(1)学习安息香缩合反应的原理,了解 pH 等反应条件对合成反应的控制作用;

(2)掌握应用生物辅酶维生素 B_1 作催化剂进行反应的实验方法。

二、实验原理

安息香缩合是特指两分子芳醛缩合生成二苯羟乙酮(又称苯偶姻)的一类反应,二苯羟乙酮(安息香)在有机合成中常被用作中间体。

三、实验试剂

苯甲醛 10 mL,维生素 B_1 1.8 g,95%乙醇 16 mL,10%氢氧化钠水溶液 6 mL。

四、物理常数及化学性质

(1)维生素 B_1:又称硫胺素,是一种生物辅酶,其重要的生化过程是对 α-酮酸的脱羧和合成偶姻(α-羟基酮)等三种酶促反应发挥辅酶作用。维生素 B_1 分子右边噻唑环上的 S 和 N 之间的氢原子有较大的酸性,在碱的作用下质子被去除,形成碳负离子,催化苯偶姻的形成。因此可以采用有生物活性的辅酶维生素 B_1 代替氰化物作催化剂进行安息香缩合反应。以维生素 B_1 作催化剂具有操作简单、节省原料、耗时短、污染轻等优点,但是反应需要在冰水浴中操作,而且反应产率往往比较低。

(2)苯甲醛:分子式 C_7H_6O,相对分子质量 106.12,无色液体,沸点 179℃,$d_4^{20}=1.044\ 0$,$n_D^{20}=1.546\ 3$。在风信子、香茅、肉桂、鸢尾、岩蔷薇中有发现。具有苦杏仁、樱桃及坚果香。微溶于水,可混溶于乙醇、乙醚、苯、氯仿。苯甲醛的化学性质与脂肪醛类似,但也有不同。苯甲醛不能还原费林试剂;用还原脂肪醛时所用的试剂还原苯甲醛时,除主要产物苯甲醇外,还产生一些四取代邻二醇类化合物和均二苯基乙二醇。在氰化钾存在下,两分子苯甲醛通过授受氢原子生成安息香。苯甲醛还可进行芳核上的亲电取代反应,主要生成间位取代产物,如硝化时主要产物为间硝基苯甲醛。空气中极易被氧化,生成白色苯甲酸。可与酰胺类物质反应,生产医药中间体。

　　(3)安息香:又称苯偶姻、二苯乙醇酮、2-羟基-2-苯基苯乙酮,系统命名为 2-羟基-1,2-二苯基乙酮,是一种无色或白色晶体。相对密度 1.310,熔点 137℃,沸点 344℃。不溶于冷水,微溶于热水和乙醚,溶于乙醇。是一种重要的化工原料,广泛用作感光性树脂的光敏剂、染料中间体和粉末涂料的防缩孔剂,也是一种重要的药物合成中间体,如抗癫痫药物二苯基乙内酰脲的合成以及二苯基乙二酮、二苯基乙二酮肟、乙酸安息香类化合物的合成等。

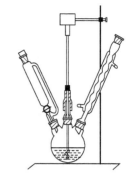

图 3-42　安息香的制备装置图

五、实验装置图

　　安息香的制备装置如图 3-42 所示。

六、实验步骤

　　在 100 mL 圆底烧瓶中加入 1.8 g 维生素 B_1[1]和 6 mL 蒸馏水,溶解后加入 16 mL 95％乙醇,冰水浴冷却。取 10％氢氧化钠水溶液 6 mL 于小锥形瓶中并冷却。在冰水浴下将碱液逐滴加入圆底烧瓶中,不断振摇,调节溶液的 pH 为 10～11。向圆底烧瓶中加入 10 mL 新蒸的苯甲醛[2],摇匀,加入几粒沸石,安装冷凝管,60～70℃水浴加热 1.5 h。将反应混合物冷却至室温后,析出浅黄色晶体,继续冰水浴冷却,使结晶析出完全。抽滤,并用 50 mL 冷水洗涤晶体。粗产物可用 95％乙醇重结晶,如需脱色可加入少量活性炭,得白色晶体,干燥,称量,计算产率,测折射率。安息香的红外光谱图如图 3-43 所示。

　　本实验约需 4 h。

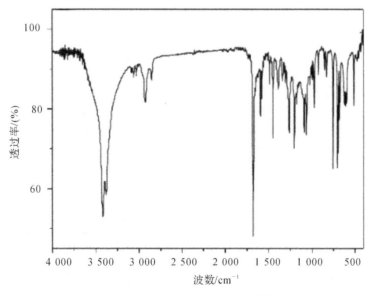

图 3-43　安息香的红外光谱图

注释

[1]维生素 B_1 应先研磨碎,更易溶解。维生素 B_1 在酸性条件下稳定,但易吸水;在碱性条件下,易开环失效。因此溶液及碱液要用冰水充分冷却。

[2]苯甲醛中不能含有苯甲酸,需将苯甲醛提前用5‰碳酸氢钠溶液洗涤后,减压蒸馏,避光保存。

思考题

1. 分析 pH 过低或过高对反应效果的影响。
2. 活性炭脱色时要注意什么问题?

3.17 阿司匹林的制备

一、实验目的

(1)了解阿司匹林合成的反应原理和实验方法;
(2)熟悉分离与提纯的实验技术。

二、实验原理

三、实验试剂

水杨酸 2 g,乙酸酐 5 mL,饱和碳酸氢钠水溶液 25 mL,6 mol/L 盐酸 10 mL,浓硫酸。

四、物理常数及化学性质

(1)水杨酸:一种脂溶性的有机酸。学名邻羟基苯甲酸,白色针状晶体或毛状结晶性粉末,易溶于乙醇、乙醚、氯仿,微溶于水,在沸水中溶解,熔程 158~161℃,折射率 1.565。水杨酸(阿司匹林以及很多止痛药里的成分)在临床实验上用来降低糖尿病患者长期并发心脏病的风险。最新的研究是要求所有已经有心脏疾病的 1 型糖尿病患者都要服用,同时水杨酸的治疗也被建议当成预防并发症的方法。

(2)阿司匹林:学名乙酰水杨酸,白色结晶性粉末。无臭,微带酸味,熔程 136~140℃,微溶于水,溶于乙醇、乙醚、氯仿,也溶于较强的碱性溶液,同时分解。取名于 1899 年,是一种历史悠久的解热镇痛药。用于治感冒、发热、头痛、牙痛、关节痛、风湿病,还能抑制血小板聚集,预防和治疗缺血性心脏病、心绞痛、心肺梗死、脑血栓形成,应用于血管形成术及旁路移植术也有效,近年来还不断发现它的新用途,其医用价值似乎还未穷尽。

五、实验装置图

阿司匹林的制备装置如图 3 - 44 所示。

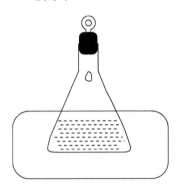

图 3 - 44　阿司匹林的制备装置图

六、实验步骤

在 125 mL 干燥的锥形瓶中加入 2 g 水杨酸、5 mL 乙酸酐和 10 滴浓硫酸。旋摇锥形瓶使水杨酸完全溶解,在 85～90℃[1] 的水浴下,加热 5～10 min。冷却至室温,在搅拌下加入 3～4 mL水,分解过量酸酐[2]。用冰水冷却并静置 5 min 后,有大量白色固体析出,若无结晶,用玻璃棒摩擦瓶壁并于冰水中冷却至晶体析出,再加入 50 mL 冰水,至晶体完全析出。冷却,抽滤,用少量冰水洗涤。

将粗产品放入 200 mL 烧杯中,边搅拌边加入 25 mL 饱和碳酸氢钠水溶液,至无二氧化碳气体产生为止,抽滤,滤液转移至烧杯,并用少量冰水洗涤漏斗及抽滤瓶,合并滤液。在不断搅拌下滤液用 10 mL 6 mol/L盐酸酸化,冷却,抽滤,冰水洗涤。干燥,称量,计算产率,测熔点[3],测红外光谱图如图 3 - 45 所示。

本实验约需 4 h。

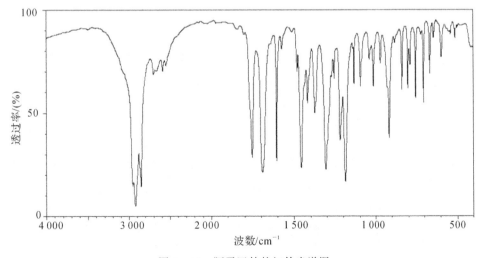

图 3 - 45　阿司匹林的红外光谱图

注释

[1]本实验的关键是反应温度的控制,因高温易产生副反应。

[2]酸酐易水解,注意盛放容器保持干燥。

[3]乙酰水杨酸受热易分解,测定熔点时,先将加热载体加热至120℃,再放入样品测定。

思考题

1.除硫酸外可选什么作为本合成实验的催化剂?

2.分析合成反应中的副产物及其产生的原因。

3.通过什么简便方法可以鉴定出阿司匹林是否溶解?

3.18 有机玻璃的制备

一、实验目的

(1)通过实验了解本体聚合的基本原理和特点,并着重了解聚合温度对产品质量的影响。

(2)掌握有机玻璃制备的操作技术。

二、实验原理

本体聚合又称块状聚合,它是在没有任何介质的情况下,单体本身在微量引发剂的引发下聚合,或者直接在热、光、辐射线的照射下引发聚合。本体聚合的优点是生产过程比较简单,聚合物不需要后处理,可直接聚合成各种规格的板、棒、管制品,所需的辅助材料少,产品比较纯净。但是,由于聚合反应是一个连锁反应,反应速度较快,在反应某一阶段出现自动加速现象,反应放热比较集中;又因为体系黏度较大,传热效率很低,所以大量热不易排出,因而易造成局部过热,使产品变黄,出现气泡,而影响产品质量和性能,甚至会引起单体沸腾爆聚,使聚合失败。因此,本体聚合中严格控制不同阶段的反应温度,及时排出聚合热,乃是聚合成功的关键问题。

当本体聚合至一定阶段后,体系黏度大大增加,这时大分子活性链移动困难,但单体分子的扩散并不受多大的影响,因此,链引发、链增长仍然照样进行,而链终止反应则因为黏度大而受到很大的抑制。这样,在聚合体系中活性链总浓度就不断增加,结果必然使聚合反应速度加快。又因为链终止速度减慢,活性链寿命延长,所以产物的相对分子质量也随之增加。这种反应速度加快,产物相对分子质量增加的现象称为自动加速现象(或称凝胶效应)。反应后期,单体浓度降低,体系黏度进一步增加,单体和大分子活性链的移动都很困难,因而反应速度减慢,产物的相对分子质量也降低。由于这种原因,聚合产物的相对分子质量不均一性(相对分子质量分布宽)就更为突出,这是本体聚合本身的特点造成的。

对于不同的单体来讲,由于其聚合热不同、大分子活性链在聚合体系中的状态(伸展或卷曲)不同;凝胶效应出现的早晚不同,其程度也不同。并不是所有单体都能选用本体聚合的实施方法。对于聚合热值过大的单体,由于热量排出更为困难,就不易采用本体聚合。一般选用

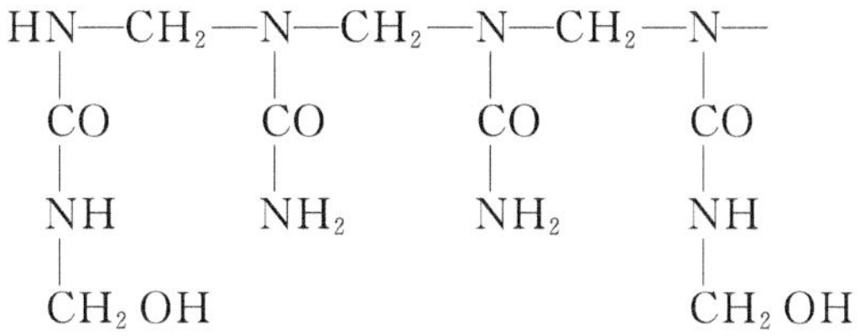

$$HN-CH_2-N-CH_2-N-CH_2-N-$$

（化学结构式）

由于分子中尚有大量未反应的羟甲基,所以有较大吸水性,可制成水溶液或醇溶液。当进一步加热或加入固化剂时则会进一步聚合成复杂的网状结构:

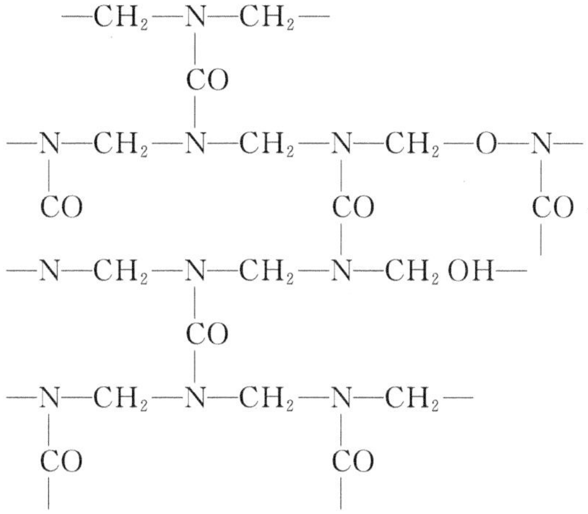

（网状结构化学式）

用作固化剂的是有机酸及各类强酸铵盐,如 NH_4Cl,$(NH_4)_3PO_3$ 等[1]。脲醛树脂主要用作黏合剂,也可制成压塑粉,生产各种机械制品及餐具等。线性脲醛树脂发泡还可加工成泡沫塑料。由于泡沫塑料内有许多微孔,结构稳定,具有重量轻、隔音、绝缘、绝热、价廉等特性,可作为保温、隔音、绝缘及弹性材料等,但其机械性能较低,一般不用作结构材料。

三、实验试剂

甲醛溶液 15 mL,环六亚甲基四胺或浓氨水,尿素 6 g,氢氧化钠溶液,氯化铵固化剂,甘油 0.7 g;36%甲醛水溶液 7.6 mL,10%NaOH,尿素 3.6 g,脲醛树脂 10 mL,水 10 mL,起泡剂 2 mL。

四、物理常数及化学性质

(1)尿素:相对分子质量 60.06,熔点 132.7℃,无色或白色针状或棒状结晶体,工业或农业品为白色略带微红色固体颗粒,无臭无味,溶于水、醇,不溶于乙醚、氯仿,呈弱碱性。

(2)甲醛:相对分子质量 30.03,沸点 $-19.5℃$,熔点 $-118℃$,$n_D^{20}=1.375\ 5\sim1.377\ 5$。是一种无色,有强烈刺激性气味的气体,易溶于水、醇和醚。甲醛在常温下是气态,通常以水溶液形式出现。甲醛是一种重要的有机原料,主要用于人工合成黏结剂。

五、实验装置图

脲醛树脂的制备装置如图 3-46 所示。

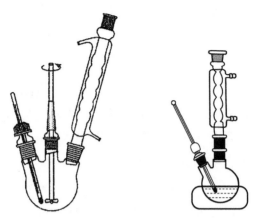

图 3-46　脲醛树脂的制备装置图

六、实验步骤

1. 黏合剂

在 100 mL 三口烧瓶上安装搅拌器、温度计和回流冷凝管。在瓶下安装水浴加热装置。向瓶中加入 15 mL 甲醛溶液(约 37%),开动搅拌器,用环六亚甲基四胺(约 0.45 g)或浓氨水(约 0.75 mL)调至 pH=7.5~8[2],慢慢加入 5.7 g 尿素(约为全部所用尿素的 95%)[3],控制温度为 20~25℃[4],待全部尿素溶解后缓缓升温至 60℃,保温 15 min,再升温至 97~98℃,然后加入约 0.3 g 尿素(约为全部所用尿素的 5%)并保温 1 h。在此期间 pH 值降到 6~5.5[5],检查确认树脂已经形成后[6],降温至 50℃以下。取出 2 mL 胶黏液留待下步使用,其余部分用氢氧化钠溶液调至 pH=7~8,转入玻璃瓶中密封保存。

向取出的 5 mL 脲醛树脂中加入适量氯化铵固化剂,充分搅匀后均匀涂在两块表面干净的小木板条上,使其吻合并加压过夜,木板条即牢固地黏结在一起。

2. 泡沫塑料

在 50 mL 二口瓶中,加 0.7 g 甘油、7.6 mL 36% 甲醛水溶液,摇匀后测 pH 值。用 1~2 滴 10% NaOH 中和到 pH 为 7。再加 3.6 g 尿素。直口装球形冷凝管,斜口装温度计,电磁搅拌,水浴加热。慢慢升温到 90℃,90℃下反应 1.5 h,停止加热后继续搅拌到冷却至室温。

在 250 mL 烧杯中,加 10 mL 脲醛树脂、10 mL 水,在电动搅拌器的搅拌下,1~2 min 内,将 2 mL 起泡剂[7]用滴管分数次加入,快速搅拌 10 min,再静置 20 min,形成比较稳定的白色泡沫[8]。再在 50℃烘箱中干燥脱模,即得产品。

注释

　　[1] 常用固化剂是无机强酸的铵盐,以氯化铵和硫酸铵为好。固化速度取决于固化剂的性质、用量及固化温度。用量过多,胶质变脆,过少则固化太慢。在室温下,一般固化剂的用量为树脂重量的 0.5%~1.2%,加入固化剂后应充分摇匀。

　　[2] 混合物的 pH 值应不超过 9,以防甲醛发生 Cannizzaro 反应。工业脲醛树脂一般要加六次甲基四胺(乌洛托品),定量释放甲醛,有利于反应进行。

---

　　〔3〕本实验所用尿素与甲醛的摩尔比应为 1∶(1.6～2.0)，尿素可一次加入，但以两次加入为好，这样可使甲醛有充分机会与尿素反应，以减少树脂中的游离甲醛。

　　〔4〕为控制反应温度，尿素加入速度宜慢。若加入过快，由于溶解吸热会使温度下降至5～10℃，需要迅速加热使之回升到 20～25℃，这样制得的树脂浆状物会浑浊且黏度增高。

　　〔5〕在此期间如发现黏度骤增，出现冻胶，应立即采取措施补救。出现这种现象的原因可能有：① 酸度太高，pH 值达到 4.0 以下；② 升温太快，温度超过 100℃。补救的方法如下：

　　　　a.使反应液降温；

　　　　b.加入适量的甲醛水溶液稀释树脂，从内部反应降温；

　　　　c.加入适量的氢氧化钠水溶液，把 pH 值调到 7.0，酌情确定出料或继续加热反应。

　　〔6〕树脂是否制成，可用以下方法检查：

　　　　a.用玻璃棒蘸取一些树脂，让其自由滴下，最后两滴迟迟不落，末尾略带丝状并缩回棒上，则表示已经成胶。

　　　　b.1 份样品加两份水，出现浑浊。

　　　　c.取少量树脂放在两手指上，不断相挨相离，在室温下 1 min 内感到有一定黏度，则表示已成胶。

　　〔7〕起泡剂是由 10 份拉开粉(二异丁基奈磺酸钠)、15 份 85％磷酸、10 份间苯二酚及 65份水配制而成，要搅拌均匀。

　　〔8〕起泡时，搅拌非常重要，要连续搅拌，速度要快。

3.20　从茶叶中提取咖啡因

一、实验目的

(1)学习从茶叶中提取咖啡因的基本原理和方法，了解咖啡因的一般性质；
(2)掌握用索氏提取器提取有机物的原理和方法；
(3)进一步熟悉萃取、蒸馏、升华等基本操作。

二、实验装置图

从茶叶中提取咖啡因的装置如图 3-47 所示。

三、实验方法

(一)实验方法一

1.实验试剂

茶叶 10 g，95％乙醇 75 mL，生石灰 4 g。

2.物理常数及化学性质

(1)咖啡因：相对分子质量 194.19，沸点 178℃，熔点 238℃。无臭，白色针状或粉状固体。微溶于水，可溶于乙酸乙酯、氯仿、嘧啶、吡咯、四氢呋喃；酒精和丙酮中一般可溶；微溶于石油醚、醚及苯。咖啡因属于甲基黄嘌呤的生物碱。纯的咖啡因是白色的，强烈苦味的粉状物。

(2)水杨酸:相对分子质量 138.12,沸点 211℃,熔程 157~159℃。白色结晶性粉末,无臭,味先微苦后转辛。溶于乙醇、乙醚、丙酮、松节油。水杨酸可以去除角质、促进皮肤代谢,可以收缩毛孔、清除黑头粉刺,有效淡化细纹及皱纹,重现肌肤光泽。

3. 实验步骤

按图 3-47 装好提取装置[1]。称取 10 g 茶叶末,放入索氏提取器的滤纸套筒中[2],在圆底烧瓶中加入 75 mL 95%乙醇,用水浴加热,连续提取 1.5 h[3]。待冷凝液刚刚虹吸下去时,立即停止加热。稍冷后,改成蒸馏装置,回收提取液中的大部分乙醇[4]。趁热将瓶中的残液倾入蒸发皿中,拌入 3~4 g 生石灰

图 3-47 提取装置图

粉[5]使成糊状,在蒸汽浴上蒸干,其间应不断搅拌,并压碎块状物。最后将蒸发皿放在石棉网上,用小火焙炒片刻,务使水分全部除去。冷却后,擦去沾在边上的粉末,以免在升华时污染产物。取一只口径合适的玻璃漏斗,罩在隔以刺有许多小孔滤纸的蒸发皿上,用沙浴小心加热升华[6],控制沙浴温度在 200℃左右。当滤纸上出现许多白色毛状结晶时,暂停加热,使其自然冷却至 100℃左右。小心取下漏斗,揭开滤纸,用刮刀将纸上和器皿周围的咖啡因刮下。残渣经拌合后用较大的火再加热片刻,使升华完全。合并两次收集的咖啡因,称量并测定熔点。

本实验需 4~6 h。

(二)实验方法二

1. 实验试剂

茶叶 25 g,碳酸钠 20 g,二氯甲烷 100 mL。

2. 物理常数及化学性质

二氯甲烷:相对分子质量 84.94,沸点 39.8℃,熔点-95.1℃,$n_D^{20}=1.424\,4$,$d_4^{20}=1.326\,6$。无色透明易挥发液体,具有类似醚的刺激性气味。溶于约 50 倍的水,溶于酚、醛、酮、冰醋酸、磷酸三乙酯、乙酰乙酸乙酯、环己胺。与其他氯代烃溶剂、乙醇、乙醚和 N,N-二甲基甲酰胺混溶。是优良的有机溶剂,常用来代替易燃的石油醚、乙醚等,并可用作牙科局部麻醉剂、制冷剂和灭火剂等。对皮肤和黏膜的刺激性比氯仿稍强,使用高浓度二氯甲烷时应注意。

3. 实验步骤

在 600 mL 烧杯中,配制 20 g 碳酸钠溶于 250 mL 蒸馏水溶液。称取 25 g 茶叶,用纱布包好后放入烧杯内,在石棉网上用小火煮沸 0.5 h。注意勿使溶液起泡溢出。稍冷后(约 50℃),将黑色提取液小心倾至另一烧杯中。冷至室温后,转入分液漏斗。加入 50 mL 二氯甲烷摇振 1 min,静置分层,此时在两相界面处产生乳化层[7]。在一小玻璃漏斗的颈口放置一小团棉花,棉花上放置约 1 cm 厚的无水硫酸镁,从分液漏斗直接将下层的有机相滤入一干燥的锥形瓶,并用 2~3 mL 二氯甲烷涮洗干燥剂。水相再用 50 mL 二氯甲烷萃取一次,分层后通过重新加入的干燥剂。如过滤后的有机相混有少量的水,可重复上述操作一次,收集于锥形瓶中的有机相应是清亮透明的。

将干燥后的萃取液分批转入 50 mL 圆底烧瓶,加入几粒沸石,水浴蒸馏回收二氯甲烷,并

用水泵将溶剂抽干。含咖啡因的残渣用丙酮-石油醚重结晶。将蒸去二氯甲烷的残渣溶于最少量的丙酮[8]，慢慢向其中加入石油醚（60～90℃），到溶液恰好混浊为止；冷却结晶，用玻璃钉漏斗抽滤收集产物。干燥后称量并计算收率。本实验需 4～6 h。咖啡因的分析谱图如图 3-48、图 3-49 所示。

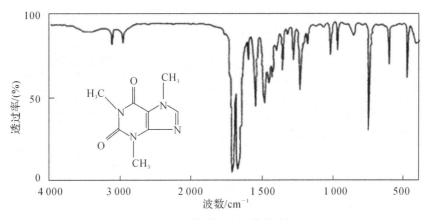

图 3-48 咖啡因的红外光谱图

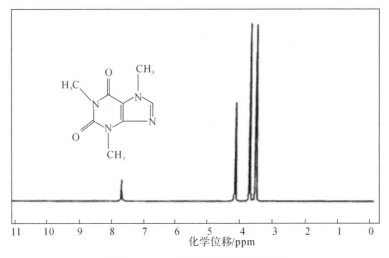

图 3-49 咖啡因的 ¹H NMR 谱图

四、咖啡因水杨酸盐衍生物的制备

在试管中加入 50 mg 咖啡因、37 mg 水杨酸和 4 mL 甲苯，在水浴上加热振摇使其溶解，然后加入约 1 mL 石油醚（60～90℃），在冰浴中冷却结晶。如无晶体析出，可用玻璃棒或刮刀摩擦管壁。用玻璃钉漏斗过滤收集产物，测定熔点。

其实验原理如下：

咖啡因　　　　　　水杨酸　　　　　　　　　　咖啡因水杨酸盐

纯盐的熔点为 137℃。

注释

　　[1]索氏提取器的虹吸管极易折断,装置仪器和取拿时须特别小心。

　　[2]滤纸套大小既要紧贴器壁,又能方便取放,其高度不得超过虹吸管,滤纸包茶叶末时要仔细严密,防止漏出堵塞虹吸管,纸套上面折成凹形,以保证回流液均匀浸润被萃取物。

　　[3]当提取液颜色很淡时,即可停止提取。

　　[4]瓶中的乙醇不可蒸得太干,否则残液很黏,转移时损失较大。

　　[5]生石灰起吸水和中和作用,以除去部分酸性杂质。

　　[6]在萃取回流充分的情况下,升华操作是实验成败的关键。升华过程中,升华温度保持在 200～220℃,始终都需用小火间接加热。注意不要将蒸发皿紧贴在沙盘底部。

　　如温度太高,会使产物发黄。注意温度计应放在合适的位置,以便正确反映出升华的温度。

　　如无沙浴,也可用简易空气浴加热升华,即将蒸发皿底部稍离开石棉网 1～2 mm 进行加热,并在附近悬挂温度计指示升华温度。

　　[7]乳化层通过干燥剂无水硫酸镁时可被破坏。

　　[8]如残渣中加入 6 mL 丙酮温热后仍不溶解,说明其中带入了无水硫酸镁。应补加丙酮至 20 mL,用折叠滤纸过滤除去无机盐,然后将丙酮溶液蒸发至 5 mL,再滴加石油醚。

思考题

　　1.提取咖啡因时,方法一中用到生石灰,方法二中用到碳酸钠,它们各起什么作用?

　　2.从茶叶中提取的粗咖啡因有绿色光泽,为什么?

　　3.方法二中蒸馏回收二氯甲烷时,馏出液为何出现浑浊?

3.21　从黄连中提取黄连素

一、实验目的

(1)掌握生物碱提取的原理和方法;

(2)掌握减压蒸馏的装置、真空度控制和操作技术;

(3)了解黄连素的应用及结构鉴定方法。

二、实验原理

黄连为我国名产药材之一,抗菌力很强,对急性结膜炎、口疮、急性细菌性痢疾、急性肠胃炎等均有很好的疗效。黄连中含有多种生物碱。除以黄连素(俗称小檗碱 Berberine)为主要有效成分外,尚含有黄连碱、甲基黄连碱、棕榈碱和非洲防己碱等。随野生和栽培及产地的不同,黄连中黄连素的含量在 4%～10% 之间。含黄连素的植物很多,如黄柏、三颗针、伏牛花、白屈菜、南天竹等均可作为提取黄连素的原料,但以黄连和黄柏含量为高。

黄连素是黄色针状体[1],微溶于水和乙醇,较易溶于热水和热乙醇中,几乎不溶于乙醚。黄连素存在下列三种互变异构体:

（醇式）　　　　　　　　　（醛式）

（季铵碱式）

自然界中黄连素多以季铵碱的形式存在。黄连素的盐酸盐、氢碘酸盐、硫酸盐、硝酸盐均难溶于冷水,易溶于热水,其各种盐的纯化都比较容易。

三、实验试剂

黄连(中药店有售)10 g,95% 乙醇(C. P.) 100 mL,浓盐酸(C. P.) 10 mL,1% 醋酸 30～40 mL。

四、实验装置图

提取黄连素的装置如图 3-50 所示。

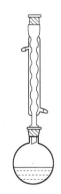

图 3-50　提取黄连素的装置图

五、实验步骤

称取中药黄连 10 g,切碎、磨烂,放入圆底烧瓶中,加入乙醇 100 mL,装上回流冷凝管,加热回流 0.5 h,静置浸泡 1 h,抽滤,滤渣重复上述操作处理两次[2],合并三次所得滤液,在水泵减压下蒸出乙醇(回收),直到残留物呈棕红色糖浆状。再加入1‰醋酸(30~40 mL),加热溶解,抽滤,以除去不溶物,然后向溶液中滴加浓盐酸,至溶液浑浊为止(约需10 mL),放置冷却[3],即有黄色针状体的黄连素盐酸盐析出[4],抽滤、结晶,用冰水洗涤两次,再用丙酮洗涤一次,烘干重约1 g,约在200℃左右熔化[5]。

　　黄连素的红外光谱图如图3-51所示。

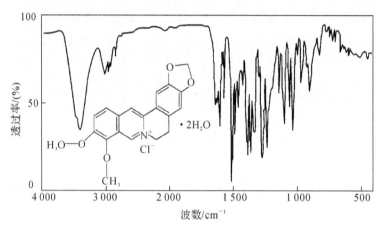

图3-51　黄连素的红外光谱图

注释

　　[1]得到纯净的黄连素晶体比较困难。将黄连素盐酸盐加热水至刚好溶解,煮沸,用石灰乳调节pH为8.5~9.8,冷却后滤去杂质,滤液继续冷却到室温以下,即有游离的黄连素(针状体)析出,抽滤,将结晶在50~60℃下干燥,熔点145℃。

　　[2]后两次提取可适当减少乙醇用量和缩短浸泡时间。用Soxhlet提取器连续提取最好。

　　[3]最好用冰水浴冷却。

　　[4]如晶形不好,可用水重结晶一次。

　　[5]本实验采用显微测熔仪测定其熔化温度,据文献报道,如采用曾广方氏的方法测定,加热至220℃左右时分解为盐酸小檗红碱,至278~280℃时完全熔融。

思考题

　　1.黄连素为何种生物碱类的化合物?

　　2.为何要用石灰乳来调节pH值,用强碱氢氧化钾(钠)可以吗?为什么?

第4章 有机化合物设计性、综合性实验

4.1 染料中间体——对硝基苯胺的制备

一、实验目的

(1)了解混酸硝化反应的原理和方法;
(2)掌握乙酰氨基水解的方法。

二、实验原理

主反应:

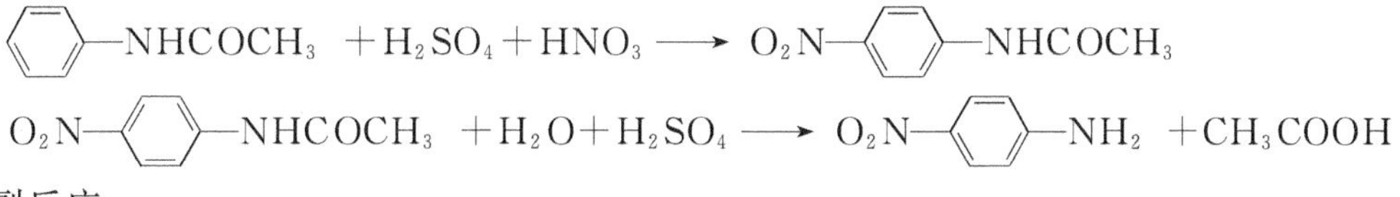

$$\text{\Large\bigcirc}-NHCOCH_3 + H_2SO_4 + HNO_3 \longrightarrow O_2N-\text{\Large\bigcirc}-NHCOCH_3$$

$$O_2N-\text{\Large\bigcirc}-NHCOCH_3 + H_2O + H_2SO_4 \longrightarrow O_2N-\text{\Large\bigcirc}-NH_2 + CH_3COOH$$

副反应:

$$\text{\Large\bigcirc}-NHCOCH_3 + H_2SO_4 + H_2O \longrightarrow \text{\Large\bigcirc}-NH_2 + CH_3COOH$$

$$\text{\Large\bigcirc}-NHCOCH_3 + H_2SO_4 + HNO_3 \longrightarrow \overset{NO_2}{\underset{}{\text{\Large\bigcirc}}}-NHCOCH_3$$

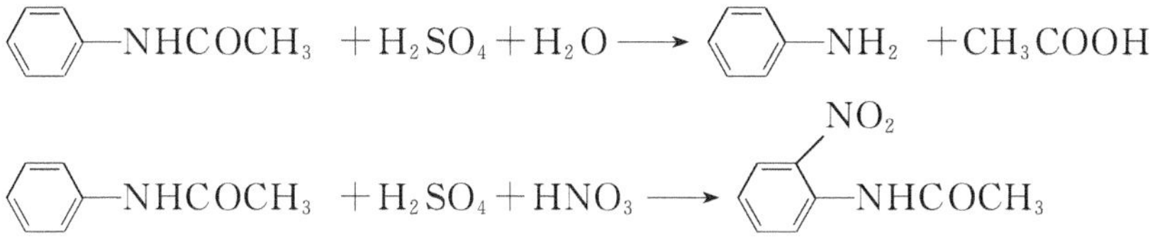

三、实验试剂

乙酰苯胺 5 g,硝酸 2.2 mL,浓硫酸 11.4 mL,冰醋酸 5 mL,95%乙醇,20%NaOH 溶液。

四、物理常数及化学性质

(1)对硝基乙酰苯胺:相对分子质量 180.16,沸点 100℃,熔点 216℃,白色棱状结晶,溶于热水、醇、醚,溶于氢氧化钾溶液成橙色,水解生成对硝基苯胺,还原生成对氨基乙酰苯胺。几乎不溶于冷水。用作染料、药物中间体和有机合成试剂。

(2)对硝基苯胺:相对分子质量 138.12,沸点 331.7℃,熔点 148.5℃,淡黄色针状结晶,易于升华。微溶于冷水,溶于沸水、乙醇、乙醚、苯和酸溶液。

五、实验装置图

本实验需使用的回流装置如图 4-1 所示。

六、实验步骤

1. 对硝基乙酰苯胺制备

将 5 g 乙酰苯胺和 5 mL 冰醋酸[1]放入 100 mL 锥形瓶内,用冰水冷却,边摇动锥形瓶边缓慢加入 10 mL 浓硫酸,使乙酰苯胺尽可能溶解完全,将制得溶液放入冰水中冷却至 0~2℃。在冰水中配制 2.2 mL 浓硝酸和 1.4 mL 浓硫酸的混酸。一边振摇锥形瓶,一边用滴管缓慢滴加此混酸,注意使反应温度低于 5℃[2]。

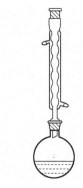

图 4-1 回流装置图

从冰水中取出锥形瓶,室温放置 30 min,间歇振荡。然后在搅拌条件下把此反应物缓慢倒入 20 mL 水和 30 g 碎冰的混合物中,立即析出固体。放置约 10 min,抽滤,用冰水洗涤三次,每次 10 mL,利用 95% 乙醇进行重结晶。干燥,称量,计算产率。

2. 对硝基苯胺的制备

将 4 g 对硝基乙酰苯胺放入 50 mL 圆底烧瓶中,加入 20 mL 7% 硫酸,加热回流 15~20 min。将透明的热溶液倒入 100 mL 冰水中,加入过量的 20% 氢氧化钠溶液[3]使对硝基苯胺沉淀出来,冷却后抽滤,滤饼用冷水洗去碱液,用水重结晶。干燥,称量,计算产率。

注释
[1]冰醋酸起溶解作用。
[2]温度不可太高,否则邻位产物增多。
[3]氢氧化钠溶液一定要过量,可用 pH 试纸检验。

思考题
1. 对硝基苯胺是否可以利用苯胺直接硝化制备?
2. 反应中若有邻硝基乙酰苯胺生成,应如何除去?

4.2 香豆酮的制备

一、实验目的

(1)了解制备香豆酮的原理和方法;
(2)掌握水蒸气蒸馏和减压蒸馏的方法。

二、实验原理

苯酚 $\xrightarrow[\text{OH}^-]{\text{CHCl}_3}$ 水杨醛

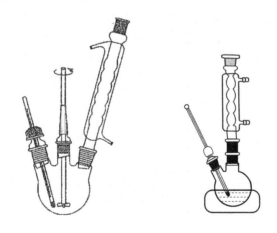

三、实验试剂

苯酚,三氯甲烷,氢氧化钠,硫酸,亚硫酸氢钠,一氯乙酸,无水乙酸钠,醋酐,冰乙酸,无水乙醚,饱和氯化钠溶液,无水硫酸钠,浓盐酸。

四、物理常数及化学性质

香豆酮:又名 2,3-苯并呋喃,别名苯并呋喃,β-苯并呋喃,氧茚古马隆,氧杂茚,苯并[B]呋喃。分子量 118.14,熔点 −18℃以下,沸程 173～174℃,$d_4^{20}=1.078$,$n_D^{20}=1.568\,9$。常温下为无色油状液体,具有芳香气味。能随水蒸气挥发,能被高锰酸钾和其他氧化剂分解。

五、实验装置图

本实验所需制备装置如图 4-2 所示。

图 4-2　制备装置图

六、实验步骤

1.水杨醛的制备

在 250 mL 三口瓶上安装球形冷凝管、搅拌器和温度计,温度计水银球距瓶底 2 cm。将40 g 氢氧化钠溶于 40 mL 水的溶液和 12.5 g 苯酚溶于 12.5 mL 水的溶液置于三口瓶中,搅拌,保持瓶内反应温度 60～65℃(可用水浴加热或冷却),不允许有苯酚钠游离出来。把20.3 mL 三氯甲烷分 3 次每隔 15 min 由冷凝器加入,保持反应温度 65～70℃。沸水浴加热

0.5 h使反应完全。用水蒸气蒸馏除去碱液中多余的氯仿,冷却后用6 mol/L硫酸(约75 mL)酸化橙色溶液(pH=1~2)。再次水蒸气蒸馏至溶液几乎无色,至无油滴馏出。残留物用于离析对羟基苯甲醛。用无水乙醚萃取馏出液2次,每次10 mL。然后水浴蒸馏除去乙醚,将剩余物转入带盖的玻璃瓶中,加入约2倍体积的饱和亚硫酸氢钠,用力振摇30 min,再静置30 min。抽滤,用少量无水乙醇洗涤,再用少量乙醚洗涤(除苯酚)。水浴加热下将固体用3 mol/L稀硫酸分解,冷却,用乙醚萃取水杨醛2次,每次10 mL,萃取液用无水硫酸镁干燥。水浴蒸去乙醚后,蒸馏剩余物,收集195~197℃馏分。(水杨醛,无色液体,产量约6 g)。

2.邻甲酰苯氧乙酸的制备

在250 mL三口烧瓶中加入10.6 mL(12.2 g,0.1 mol)水杨醛、9.5 g一氯乙酸和80 mL水的混合物,在搅拌下加入8 g氢氧化钠溶于20 mL水的溶液。然后加热至沸,所生成的溶液继续回流3 h。以19 mL浓盐酸将反应液酸化,用水蒸气蒸馏将未反应的水杨醛(4 g左右)蒸出。残留的酸性混合物冷却至20℃,将沉淀物抽滤,水洗,干燥后的淡黄褐色固体9.9~10 g。熔程130~133℃。

3.香豆酮的制备

在250 mL三口烧瓶中加入9 g干燥的邻甲酰苯氧乙酸粗品、18 g无水乙酸钠粉末、45 mL醋酐和45 mL冰乙酸的混合物,在搅拌下微微回流8 h,然后将热的溶液(总体积约120 mL)倒入250 mL的冰水中,用无水乙醚提取2次,每次60 mL,合并提取液,用60 mL水洗涤,再用5%的氢氧化钠溶液洗涤数次至水层呈碱性为止,再用饱和氯化钠溶液洗涤,用无水硫酸钠干燥,在水浴上蒸去乙醚,将残留物进行减压蒸馏,得水白色香豆酮3.8~4.0 g。(63.5%~67.8%,按全部水杨醛计算,52%~56%),沸点:166.5~168.8℃/735 mmHg(1 mmHg=133.322 Pa)或97.5~99.0℃/80 mmHg;折光率1.567 2。

4.3 从黑胡椒中提取胡椒碱

一、实验目的

(1)学习从黑胡椒中提取胡椒碱的原理及方法;
(2)掌握索氏提取器的实验操作。

二、实验原理

黑胡椒中含有大约10%(质量分数,下同)的胡椒碱和少量胡椒碱的几何异构体佳味碱,其他成分为淀粉(20%~40%)、挥发油(1%~3%)、水(8%~12%)。胡椒碱的结构式:

三、实验试剂

黑胡椒(市售),95％乙醇,丙醇,2 mol·L^{-1}氢氧化钾-乙醇溶液。

四、物理常数及化学性质

(1)乙醇:相对分子质量 46.07,沸点 78.5℃,$d_4^{20}=0.789\ 3$,$n_D^{20}=1.361\ 1$。无色透明易挥发液体,溶于苯,与水、乙醚、丙酮、乙酸、甲醇、氯仿可以任意比例混合。本品极易燃烧,是一种重要的有机化工原料,也是重要的有机溶剂。

(2)胡椒碱:相对分子质量 285.34,浅黄色针状晶体,熔程 129～131℃。溶于乙酸、苯、乙醇和氯仿,微溶于乙醚。

五、实验装置图

提取胡椒碱的装置如图 4-3 所示。

六、实验步骤

1.提取

称取 10 g 黑胡椒,磨碎,用滤纸包好,将其放入索氏提取器的提取筒内,烧瓶内加入 70～80 mL 95％乙醇和沸石,加热回流,液体在提取筒内蓄积,使固体浸入液体中。当液面超过虹吸管顶部时,蓄积的液体回到烧瓶中。重复上述操作 5 次以上。

2.提纯

稍冷后,将提取液转移到圆底烧瓶中,加入沸石,蒸馏回收乙醇,至残留物剩余 10～15 mL,停止蒸馏。

趁热向残留物中加入 10 mL 2 mol·L^{-1}氢氧化钾-乙醇溶液,充分搅拌,过滤除去不溶物质。将滤液转移至锥形瓶,置于热水浴中,慢慢加入水至溶液出现浑浊,冷却后晶体析出。抽滤,干燥后得黄色粗产品。

粗产品用丙醇重结晶,干燥,称量,回收。

3.表征

用显微熔点测定仪测定样品的熔点,与文献值比较;用红外光谱及 ^{1}H NMR 谱对样品进行表征,并与标准谱图进行比较分析。标准红外光谱和核磁共振氢谱分别如图4-4、图4-5所示。

图 4-3 提取胡椒碱
的装置图

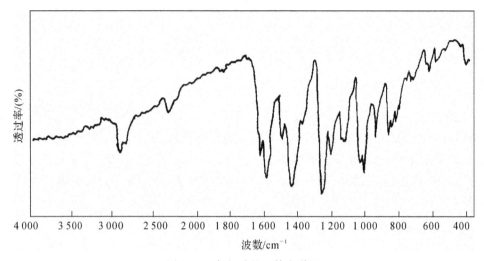

图 4-4 胡椒碱的红外光谱图

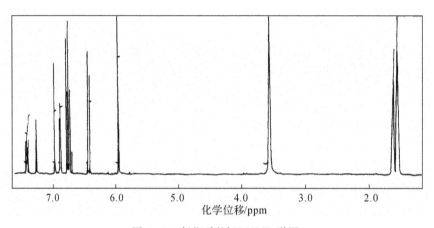

图 4-5 胡椒碱的 ^{1}H NMR 谱图

思考题
　1.试述索氏提取器的原理及优点。
　2.加入氢氧化钾-乙醇溶液的目的是什么？

4.4　对氨基苯磺酰胺的合成

一、实验目的

（1）了解对氨基苯磺酰胺的合成方法；
（2）掌握对氨基苯磺酰胺的合成操作。

二、实验原理

以乙酰苯胺为原料,利用氯磺化反应制备乙酰胺基苯磺酰氯,通过氨解和水解反应,进一步合成对氨基苯磺酰胺:

$$
\underset{\text{NHCOCH}_3}{\boxed{}} \xrightarrow{\text{ClSO}_3\text{H}} \underset{\substack{\text{NHCOCH}_3\\ \text{SO}_2\text{Cl}}}{\boxed{}} \xrightarrow{\text{NH}_3} \underset{\substack{\text{NHCOCH}_3\\ \text{SO}_2\text{NH}_2}}{\boxed{}} \xrightarrow[\text{2)HCO}_3]{\text{1)H}_3\text{O}} \underset{\substack{\text{NH}_3\\ \text{SO}_2\text{NH}_2}}{\boxed{}}
$$

三、实验试剂

5.4 g(40 mL)乙酰苯胺,22.5 g(12.5 mL,0.1 mol)氯磺酸($d=1.77$),35 mL 浓氨水(28%,$d=0.9$),浓盐酸,碳酸钠。

四、物理常数及化学性质

对氨基苯磺酰胺,别名磺胺,分子式 $C_6H_8N_2O_2S$,相对分子质量 172.22。白色颗粒或粉末状结晶,无臭,味微苦。$d_4^{20}=1.08$,熔点 165～166℃,微溶于水、乙醇、丙酮,易溶于甘油、丙二醇、盐酸,不溶于氯仿、苯等。

(1)健康危害:长期接触,会引起干咳、食欲不振、口中有恶臭味、头痛、头晕、易疲乏、精神萎靡等。遇热分解放出有毒的氮氧化物和氧化硫。

(2)主要用途:合成磺胺类药物的主要原料,用于医药工业、生化研究、有机合成。

五、实验装置图

本实验所需的制备装置如图 4-6 所示。

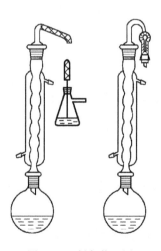

图 4-6　制备装置图

六、实验步骤

1. 对乙酰胺基苯磺酰氯的制备

在 100 mL 干燥的锥形瓶中加入 5.4 g(40 mmol)干燥的乙酰苯胺,用电热套加热熔化[1]。瓶壁上若有少量水汽凝结,应用滤纸擦干。冷却使熔化物凝结成块,然后将锥形瓶置于冰浴中冷却,迅速倒入 12.5 mL 氯磺酸[2],立即连接氯化氢吸收装置(防止倒吸入吸收液)[3],反应很快发生。如反应过于激烈,可用冰水浴冷却。

反应缓和后,轻轻摇动锥形瓶使固体全溶,然后置于温水浴中加热,反应 10～15 min,使反应完全,至不再有氯化氢气体产生为止。冷却反应液,在通风橱中充分搅拌下,将反应液慢慢倒入盛 75 mL 碎冰的 150 mL 烧杯中[4],并用 10 mL 冷水洗涤反应瓶。洗涤液一并倒入烧杯中。搅拌反应混合液数分钟,产生颗粒小而均匀的白色固体[5]。抽滤,固体用少量冷水洗涤,压干,立即进行下一步反应。

2. 对乙酰胺基苯磺酰胺的制备

将上述对乙酰胺基苯磺酰氯粗产物倒入锥形瓶中,在通风橱内,不断搅拌下,慢慢加入 5 mL 浓氨水,立即发生放热反应,并产生白色糊状物。滴加完毕,继续搅拌 15 min,使反应完全。然后加入 19 mL 水,用电热套缓慢加热 10～15 min,并不断搅拌以除去多余的氨[6],得到对乙酰胺基苯磺酰胺混合物,直接用于下一步合成[7]。

3. 对氨基苯磺酰胺(磺胺)的制备

将上述对乙酰胺基苯磺酰胺混合物倒入圆底烧瓶中,加入 3.5 mL 浓盐酸,电热套加热回流反应 30 min。溶液呈黄色,并有极少量固体存在[8]。稍冷却后,加入少量活性炭煮沸 10 min。过滤,滤液收集在大烧杯中,冷却,在搅拌下慢慢加入粉状碳酸钠,至溶液呈碱性(约 4 g)[9],产生大量磺胺固体。冰水浴中冷却,抽滤,收集固体,用少量冰水洗涤,压干。粗产物用水重结晶(每克产物约需 12 mL 水),得到对氨基苯磺酰胺 3～4 g。

4. 表征

用显微熔点测定仪测定样品的熔点,与文献值比较。磺胺的分析谱图如图 4-7、图 4-8 所示。

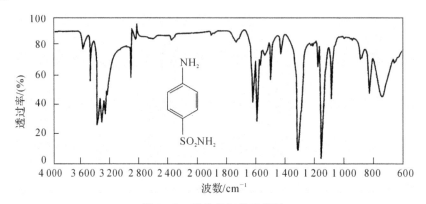

图 4-7 磺胺的红外光谱图

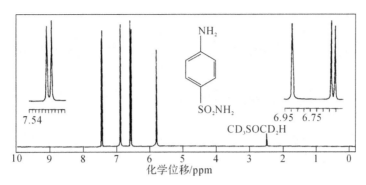

图 4 - 8　磺胺的 ^{1}H NMR 谱图

注释

[1]氯磺酸与乙酰苯胺反应非常剧烈,将乙酰苯胺凝结成块状,可使反应缓慢进行。当反应过于激烈,应适当冷却。

[2]氯磺酸对皮肤和衣服有强烈的腐蚀性,暴露在空气中会冒出大量氯化氢气体,遇水会发生猛烈的放热反应,甚至爆炸,故取用时须加倍小心。反应中所用仪器及药品必须十分干燥,含有氯磺酸的废液应倒入废液缸中,严禁倒入水槽。工业氯磺酸常呈棕黑色,使用前宜用磨口仪器蒸馏纯化,收集 148~150℃ 时的馏分。

[3]在氯磺化过程中,有大量氯化氢气体放出。为避免污染室内空气,装置不应漏气,导气管的末端要与气体吸收装置内的水面接近,但不能插入水中,否则会发生倒吸而引起严重事故。

[4]加入速度必须缓慢,并充分搅拌以免局部过热,使对乙酰胺基苯磺酰氯水解。这是实验成功的关键。

[5]尽量洗去固体所夹杂和吸附的盐酸,否则产物在酸性介质中放置过久,会很快水解,因此在洗涤后,应尽量压干,且在 1~2 h 内将它转变为磺胺类化合物。

[6]粗制的对乙酰胺基苯磺酰氯久置容易分解,甚至干燥后不可避免。若要得到纯品,可将粗产物溶于温热的氯仿中,然后迅速转移到事先温热的分液漏斗中,分出氯仿层,在冰水浴中冷却后即可析出晶体。对乙酰氨基苯磺酰氯纯品的熔点为 149℃。

[7]为了节约时间,粗产物不必分离。若要得到纯品,可在冰水浴中冷却,抽滤,用冰水洗涤,然后用 50% 乙醇重结晶,纯品熔点为 214℃。

[8]对乙酰氨基苯磺酰胺在稀酸中水解成磺胺,后者又与过量的盐酸形成水溶性的盐酸盐,所以水解完成后,反应液冷却时应无晶体析出。由于水解前溶液中氮的含量不同,滴加 3.5 mL 盐酸有时还不够,因此,在回流至固体全部消失前,应检测溶液的酸碱性。若酸性不够,应补加盐酸,再回流一段时间。

[9]用碳酸钠中和滤液中的盐酸时,有二氧化碳产生,故应控制加热速度并不断搅拌使其逸出。磺胺是两性化合物,在过量的碱溶液中也易变成盐类而溶解,故中和操作必须仔细进行,以免降低产量。

思考题

1.为什么氯磺化反应后,必须移到通风橱中,在充分搅拌下,把产物缓缓倒入碎冰中水解剩余的氯磺酸? 如果倒入水中,会有什么副反应发生?

2.为什么苯胺要乙酰化后再氯磺化? 直接氯磺化行吗?

3.如何理解对氨基苯磺酰胺是两性物质? 试用反应式表示磺胺与稀酸和稀碱的作用。

第5章 有机化合物的性质

5.1 卤代烃的性质与鉴定

由元素定性分析测得化合物含有卤素及是何种卤素后,进一步可用硝酸银-乙醇溶液和碘化钠-丙酮溶液实验卤代烃发生 S_N1 和 S_N2 反应的活性,进而推测卤代烃可能的结构。

一、实验目的

通过实验进一步认识不同烃基结构对反应速率的影响及不同卤原子对反应速率的影响。

二、实验原理

本实验中,将通过两种试剂比较底物发生 S_N1 和 S_N2 反应的相对活性。"S_N1"试剂为硝酸银的乙醇溶液。由于银离子与底物中卤素的配合,促进了碳-卤素的极化,从而电离产生碳正离子和卤负离子:

$$AgNO_3 \longrightarrow Ag^+ + NO_3^-$$

$$RX + Ag^+ \longrightarrow \overset{\delta^+}{R} \cdots \overset{\delta^-}{X} \cdots \overset{\delta^+}{Ag} \longrightarrow R^+ AgX \downarrow$$

$$R^+ + Nu^- \longrightarrow RNu$$

"S_N2"试剂为碘化钠的丙酮溶液,在极性非质子溶剂中,亲核性极强的碘负离子与易被取代的氯化物和溴化物反应,有利于反应按照"S_N2"的途径进行。

$$RX + NaI \longrightarrow |\overset{\delta^-}{I} \cdots R \cdots \overset{\delta^+}{X}| \longrightarrow I-R + NaX \downarrow$$

反应速率的大小很容易通过出现卤化银和氯(溴)化钠沉淀的快慢进行比较。

S_N1 反应: $RX + AgNO_3 \xrightarrow{乙醇} ROCH_2CH_3 + AgX \downarrow + HNO_3$

　　　　　　$X = Cl, Br, I$

S_N2 反应: $RX + NaI \longrightarrow RI + NaX \downarrow$

　　　　　　$X = Cl, Br$

三、实验试剂

正丁基氯,正丁基溴,正丁基碘(仅限于硝酸银-乙醇实验),溴代环己烷,2-氯丁烷,2-溴丁烷,叔丁基氯,叔丁基溴;1-氯-2-丁烯,2-氯-2-甲基丙烷,氯代金钢烷,氯苯,苄醇,15% NaI-丙酮溶液,1%AgNO_3-乙醇溶液。

四、实验步骤

1.S_N2 反应(15% NaI-丙酮溶液)

标记 7 个干燥的试管,用滴管在每个试管中加入 3 滴实验试剂部分的前 8 种卤代烷(正丁基碘除外),立即用塞子塞住试管。在锥形瓶中配制 10 mL 15% NaI-丙酮溶液备用。

用吸量管在每一个试管中加入 1.0 mL NaI 溶液,记录加入时间,摇振试管使反应物充分混合,仔细观察反应并记录沉淀出现所需的时间。如室温下 5 min 内仍未出现沉淀,用塞子塞住试管并置于 50℃的热水浴中温热,观察反应并记录出现浑浊或形成沉淀的时间。如在温热 15 min 后仍未出现变化,可视为此卤代烷不发生反应。

用类似的方法实验其他卤代烷,仔细观察并记录每个试管现象变化及所需的时间。

倒出试管中的反应物,在进行 S_N1 反应前,彻底清洗试管。

2.S_N1 反应(1% AgNO₃-乙醇溶液)

标记 8 个干净的试管(不必干燥),在每个试管中加入 3 滴试剂中列出的前 8 种卤代烷。在锥形瓶中配制 1% $AgNO_3$-乙醇溶液备用。像 S_N2 反应那样,用吸量管在每个试管中加入 1 mL $AgNO_3$ 溶液,记录加入的时间,塞住试管,充分摇振,仔细观察,记录出现浑浊或形成沉淀的时间。如室温下 5 min 内仍无反应,塞住试管,在 50℃的热水浴中温热,观察反应并记录出现浑浊或形成沉淀的时间。如在温热 15 min 后仍未出现变化,可视为此卤代烷不发生反应。

3.选做实验

用 NaI 溶液和 $AgNO_3$ 溶液以与 1 和 2 相同的步骤用试剂部分列出的后 6 种卤代烃进行实验。列出这些化合物对两种试剂的反应活性并加以解释。

4.数据处理

(1)列出卤代烷对 S_N1 和 S_N2 反应活性递减的顺序并简要加以解释。

(2)列出伯、仲、叔卤代烷对每种试剂的活性顺序并加以解释。

本实验约需 4 h。

思考题

1.根据实验结果解释,为什么与硝酸银-乙醇溶液的作用,不同烃基的活泼性是 3°>2°>1°?在本实验中可否用硝酸银的水溶液?为什么?

2.卤原子在不同反应的活性为什么总是碘>溴>氯?

5.2 醇和酚的性质

一、实验目的

进一步认识醇类的一般性质,并比较醇和酚之间化学性质上的差异,认识羟基和烃基的相互影响。

二、实验原理

醇和酚的结构中都含有羟基,但醇中的羟基与烃基相连,酚中羟基与芳环直接相连,因此它们的化学性质上有很多不相同的地方。醇羟基结构与水相似,可发生取代反应、失水反应和氧化反应等。多元醇还有其特殊反应。酚羟基呈弱酸性,极易被氧化,芳环上容易发生亲电取代反应。

三、实验试剂

甲醇,乙醇,辛醇,水,金属钠,酚酞指示剂,正丁醇,仲丁醇,叔丁醇,Lucas 试剂,1% $KMnO_4$,5% 氢氧化钠,10% $CuSO_4$ 苯酚的饱和水溶液,CO_2,饱和溴水,1% KI 溶液,苯,H_2SO_4,浓 HNO_3,5% 碳酸钠 0.5% $KMnO_4$,$FeCl_3$ 溶液。

四、实验步骤

1. 醇的性质

(1)比较醇的同系物在水中的溶解度。在 4 支试管中各加入 2 mL 水,然后分别滴加甲醇、乙醇、辛醇各 10 滴,振摇并观察溶解情况,如已溶解,则再加 10 滴样品,观察,从而可得出什么结论?

(2)醇钠的生成及水解。在干燥的试管中,加入 1 mL 无水乙醇,然后将 1 小粒表面新鲜的金属钠投入试管中,观察现象,有什么气体放出?怎样检验?待金属钠完全消失后[1],向试管中加入 2 mL 酚酞指示剂,解释观察到的现象。

(3)醇与 Lucas 试剂[2]的作用。在 3 支干燥的试管中分别加入 0.5 mL 正丁醇、仲丁醇和叔丁醇,每个试管中各加入 2 mL Lucas 试剂,立即用塞子将管口塞住,充分振荡后静置,温度最好保持在 26~27℃,注意最初 5 min 及 1 h 后混合物的变化,记录混合物变浑浊和出现分层的时间。

(4)醇的氧化。向盛有 1 mL 乙醇的试管中滴加 1% $KMnO_4$ 溶液 2 滴,充分振荡后将试管置于水浴中微热,观察溶液颜色的变化,写出有关的化学反应式。

以异丙醇作同样实验,观察其结果。

(5)多元醇与氢氧化铜的作用。用 6 mL 5% 氢氧化钠及 10 滴 10% $CuSO_4$ 溶液,配置成新鲜的氢氧化铜,然后一分为二,取 5 滴多元醇样品(样品:乙二醇、甘油)滴入新鲜的氢氧化铜中,记录观察到的现象。

2. 酚的性质

(1)苯酚的酸性。在试管中加入苯酚的饱和水溶液 6 mL,用玻璃棒蘸取 1 滴于 pH 试纸上检验其酸性。

将上述苯酚饱和水溶液一分为二,一份作空白对照,于另一份中逐滴滴入 5% 氢氧化钠溶液,边加边振荡,直至溶液呈清亮为止(解释溶液变清的原因),通入 CO_2 到酸性,有何现象发生?写出有关反应式。

(2)苯酚与溴水作用。取苯酚饱和水溶液 2 滴,用水稀释至 2 mL,逐滴滴入饱和溴水,当溶液中开始析出的白色沉淀转变为淡黄色时,即停止滴加,然后将混合物煮沸 1~2 min,以除去过量的溴,冷却后又有沉淀析出,再在此混合物中滴入 1% KI 溶液数滴及 1 mL 苯,用力振荡,沉淀溶于苯中,析出的碘使苯呈紫色[3],观察现象。

(3)苯酚的硝化。取苯酚 0.5 g 置于干燥的试管中,滴加 1 mL H_2SO_4 摇匀,在沸水浴中加热 5 min,并不断振荡,使反应完全[4],冷却后加水 3 mL,小心地逐滴加入 2 mL 浓 HNO₃[5],振荡均匀,置于沸水浴上加热至溶液呈黄色,取出试管,冷却,观察有无黄色结晶析出,试分析这是什么物质。

(4)苯酚的氧化。取苯酚的饱和水溶液 3 mL 置于试管中,加 5%碳酸钠 0.5 mL 及 0.5%高锰酸钾溶液 1 mL,振荡,观察现象。

(5)苯酚与 FeCl₃ 作用。取苯酚的饱和水溶液 2 滴放入试管中,加入 2 mL 水,并逐滴滴入 FeCl₃ 溶液,观察颜色变化[6]。

注释

[1]如果反应停止后溶液中仍有残余的钠,应该先用镊子将钠取出放在酒精中破坏,然后加水。否则,金属钠与水反应剧烈,不但影响实验结果,而且不安全。

[2]此试剂可用作各种醇的鉴别和比较。含 6 个碳以下的低级醇均溶于 Lucas 试剂,作用后生成不溶性的氯代烷,使反应液出现浑浊,静置后分层明显。

[3]苯酚与溴水作用,生成微溶于水的 2,4,6-三溴苯酚白色沉淀。

滴加过量溴水,则白色的三溴苯酚就转化为淡黄色的难溶于水的四溴化物:

该溴化物易溶于苯,它能氧化氢碘酸,本身则又被还原成三溴苯酚:

$$KI + HBr \longrightarrow KBr + HI$$

[4]由于苯酚的羟基的邻对位氢易被浓 HNO₃ 氧化,故在硝化前先进行磺化,利用磺酸基将邻、对位保护起来,然后,用—NO₂ 置换—SO₃H,故本实验顺利完成的关键是磺化这一步要较完全。

[5]加浓 HNO_3 前溶液必先充分冷却。否则,溶液会有冲出的危险。

[6]酚类或含有酚羟基的化合物,大多数能与 $FeCl_3$ 溶液发生各种特有的颜色反应,产生颜色的原因主要是生成了电离度很大的酚铁盐:

$$FeCl_3 + 6C_6H_5OH \longrightarrow [Fe(OC_6H_5)_6]^{3-} + 6H^+ + 3Cl^-$$

加入酸、酒精或过量的 $FeCl_3$ 溶液,均能减小酚铁盐的电离度,有颜色的阴离子浓度也就相应降低,反应液的颜色就将褪去。

思考题

1.用 Lucas 试剂检验伯、仲、叔醇的实验成功的关键何在? 6 个碳以上的伯、仲、叔醇是否都能用 Lucas 试剂进行鉴别?

2.与氢氧化铜反应产生绛蓝色是邻羟基多元醇的特征反应,此外,还有什么试剂能起类似的鉴别作用?

5.3 醛、酮的性质和鉴定

一、实验目的

(1)验证醛、酮的主要化学性质;

(2)掌握醛、酮的鉴定方法。

二、实验原理

醛和酮都是分子中含有羰基官能团的化合物,它们有很多相似的化学性质。例如,醛和酮的羰基都容易发生加成反应。醛和甲基酮与饱和亚硫酸氢钠溶液的加成产物 α-羟基磺酸钠为冰状结晶:

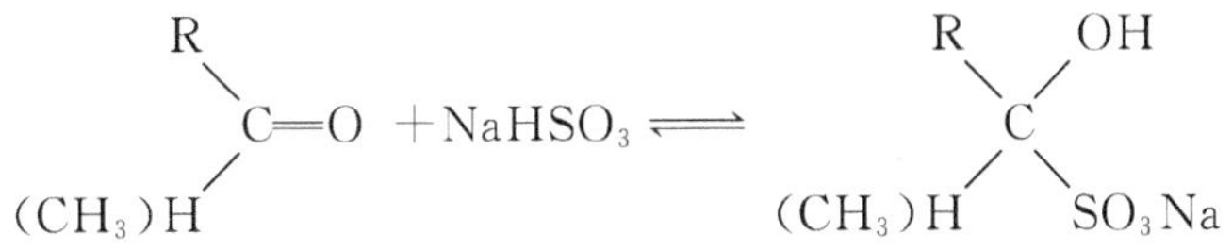

醛(或甲基酮)　　　　　　　　　　　　α-羟基磺酸钠

α-羟基磺酸钠与稀酸或稀碱共热时又分解成原来的醛或酮,利用这一性质,可鉴别、分离和提纯醛或甲基酮。

醛和酮都能与氨的衍生物发生缩合反应。例如,与 2,4-二硝基苯肼缩合生成具有固定熔点的黄色或橙色沉淀(苯腙类化合物):

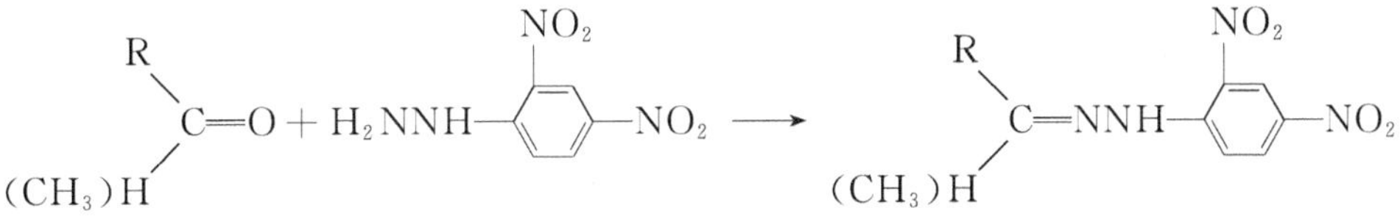

2,4-二硝基苯肼　　　　　　　　　　　　2,4-二硝基苯腙

2,4-二硝基苯腙在稀酸作用下可水解成原来的醛或酮,因此这一反应常用来鉴定、分离和提纯醛或酮。

具有 $CH_3CH=O$ 结构的醛、酮和能够被氧化成这种结构的醇类可与次碘酸钠发生碘仿反应,生成淡黄色碘仿:

$$CH_3—\overset{\overset{\displaystyle O}{\|}}{C}—R(H) \xrightarrow{NaOI} CHI_3 \downarrow + (H)RCOONa$$

$$CH_3CH_2OH \xrightarrow{NaOI} CH_3CHO \xrightarrow{NaOI} CHI_3 \downarrow + HCOONa$$

利用碘仿反应可以鉴别甲基醛、酮和能够氧化成甲基醛、酮的醇类。

醛、酮的结构不同,性质也有差异。醛基上的氢原子非常活泼,容易发生氧化反应。较弱的氧化剂(如托伦试剂和斐林试剂)也能将醛氧化成羧酸。

与托伦试剂作用:

$$RCHO + 2Ag(NH_3)_2OH \longrightarrow RCOONH_4 + Ag \downarrow + 3NH_3 + H_2O$$

析出的银吸附在洁净的玻璃器壁上,形成银镜,因此这一反应又称银镜反应。酮不能被托伦试剂氧化,可利用这一反应区别醛和酮。

与斐林试剂作用:

$$RCHO + 2Cu(OH)_2 + NaOH \xrightarrow{\triangle} RCOONa + Cu_2O \downarrow + 3H_2O$$

酮和芳醛不能被斐林试剂氧化,可用此反应区别脂肪醛和芳醛、醛和酮。

此外,醛还能与希夫试剂作用呈紫红色。甲醛与希夫试剂作用生成的紫红色比较稳定,加硫酸也不褪色,利用这一特点可区别甲醛和其他醛。

三、实验试剂

甲醛溶液(37%)、乙醛溶液(40%)、正丁醛、苯甲醛、丙酮、苯乙酮、饱和亚硫酸、2,4-二硝基苯肼试剂、斐林溶液 A、斐林溶液 B、稀盐酸(6 mol/L)、碘-碘化钾溶液、氢氧化钠溶液(10%)、甲醇、乙醇(95%)、异丙醇、希夫试剂、硝酸银溶液(2%)、氨水、铬酸试剂、稀硝酸(6 mol/L)、碳酸钠溶液(10%)。

四、实验步骤

1. 羰基加成反应

在 4 支干燥的编码试管中[1]各加入新配制的饱和亚硫酸氢钠溶液 1 mL,然后分别加入 0.5 mL 甲醛溶液、正丁醛、苯甲醛、丙酮。振摇后放入冰水浴中冷却几分钟,取出观察有无结晶析出[2]。

取有结晶析出的试管,倾去上层清液,向其中 1 支试管中加入 2 mL 10%碳酸钠溶液,向其余试管中加入 2 mL 稀盐酸溶液,振摇并稍稍加热,观察结晶是否溶解。有什么气味产生?记录现象并解释原因。

2. 缩合反应

在 5 支编码试管中各加入 1 mL 新配制的 2,4-二硝基苯肼试剂,再分别加入 5 滴甲醛溶液、乙醛溶液、苯甲醛、丙酮、苯乙酮,振摇后静置。观察并记录现象,描述沉淀颜色的差异。

3. 碘仿反应

在 6 支编码试管中分别加入 5 滴甲醛溶液、乙醛溶液、正丁醛、丙酮、乙醇、异丙醇,再各加入 1 mL 碘-碘化钾溶液,边振摇边分别加入 10% 氢氧化钠溶液至碘的颜色刚好消失[3],反应液至呈微黄色为止。观察有无沉淀析出。将没有沉淀析出的试管置于约 60℃ 水浴中温热几分钟后取出[4],冷却,观察现象,记录并解释原因。

4.氧化反应

(1)与铬酸试剂反应。在 4 支编码试管中分别加入 3 滴乙醛溶液、正丁醛、苯甲醛、苯乙酮,再各加入 3 滴铬酸试剂,充分振摇后观察溶液颜色变化[5],记录现象并解释原因。

(2)与托伦试剂反应。在洁净的试管中加入 3 mL 2% 硝酸银溶液,边振摇边向其中滴加浓氨水[6],开始时出现棕色沉淀,继续滴加氨水,直至沉淀恰好溶解为止(不宜多加,否则将会影响实验灵敏度)。

将此澄清透明的银氨溶液分装在 3 支洁净的编码试管中,再分别加入 2 滴甲醛溶液、苯甲醛、苯乙酮(加入苯甲醛、苯乙酮的试管需充分振摇),将 3 支试管同时放入 60～70℃ 水浴中,加热几分钟后取出,观察有无银镜生成[7]。记录现象并解释原因。

(3)与斐林试剂反应。在 4 支试管中各加入 0.5 mL 斐林试剂 A 和 0.5 mL 斐林试剂 B,混匀后分别加入 5 滴甲醛溶液、乙醛溶液、苯甲醛、丙酮,充分振摇后,置于沸水浴中加热几分钟,取出观察现象差别[8],记录并解释原因。

5.与希夫试剂作用[9]

在 3 支编码试管中各加入 1 mL 新配制的希夫试剂,再分别加入 3 滴甲醛溶液、乙醛溶液、丙酮。振摇后静置,观察溶液的颜色变化。然后在加入甲醛、乙醛的试管中各加入 1 mL 浓硫酸,振摇后,观察、比较两支试管中溶液的颜色变化。记录并解释现象。

6.未知物的鉴定

现有 6 瓶无标签试剂,编号分别为 1#,2#,3#,4#,5#,6#。已知其中有甲醇、乙醇、甲醛、乙醛、丙酮、苯甲醛。试设计一合适的实验方案,加以鉴定并将鉴定结果报告实验指导老师。

注释

[1]加成产物 α-羟基磺酸钠可溶于水,但不溶于饱和亚硫酸氢钠溶液,因此能呈晶体析出。实验时,样品和试剂量较少,若试管带水,稀释了亚硫酸氢钠溶液,使其不饱和,晶体就难以析出。

[2]此时若无晶体析出,可用玻璃棒摩擦试管壁并静置几分钟,促使晶体析出。

[3]碱液不可多加。过量的碱会使生成的碘仿消失,导致实验失败,因为氢氧化钠可将碘仿分解:

$$CHI_3 + 4NaOH \longrightarrow HCOONa + 3NaI + 2H_2O$$

[4]带有甲基的醇需先被次碘酸钠氧化成甲基醛或甲基酮后,才能发生碘仿反应。加热可促使醇的反应快速完成。

[5]铬酸实验是区别醛和酮的新方法,具有反应速度快、现象明显等特点。但应注意伯醇和仲醇也呈正性反应现象,所以不能一同鉴别。

[6]进行银镜反应的试管必须十分洁净,否则不能形成光亮的银镜,只能产生黑色单质银沉淀。可将试管用铬酸洗液或洗涤剂清洗后,再用蒸馏水冲洗至不挂水珠为止。

银镜反应的水浴温度也不宜过高,水的沸腾振动将使附在管壁上的银镜脱落。

托伦试剂是银氨配合物的碱性水溶液。通常是在硝酸银溶液中加入 1 滴氢氧化钠溶液后再滴加稀氨水至溶液透明。但最近的实验发现，有时加碱的托伦试剂进行空白实验加热到一定温度时，试管壁上也能出现银镜。因此本实验中采用不加氢氧化钠，而滴加浓氨水的方法，以使实验结果更加可靠。

[7]实验结束后，应在试管中加入少量硝酸溶液，加热煮沸吸取银镜，以免溶液久置后产生雷酸银。

[8]一般醛被氧化后，斐林试剂还原成砖红色的 Cu_2O 沉淀，甲醛的还原性较强，可将 Cu_2O 进一步还原为单质铜，形成铜镜。

[9]希夫试剂又称品红试剂，能与醛作用生成一种紫红色染料。一般对 3 个碳以下的醛反应较为敏感。产物加入过量强酸时可发生分解使颜色褪去，唯独甲醛与希夫试剂的反应产物比较稳定，不易分解，所以可借此区别甲醛与其他醛类。希夫试剂久置后会变色失效，须在实验前新配制。

思考题

1.醛和酮与氨基脲的加成实验中，为什么要加入乙酸钠？

2.托伦试剂为什么要在临用时才配制？托伦实验完毕后，应加入硝酸少许，立刻煮沸洗去银镜，为什么？

附　　录

一、常用酸碱溶液相对密度及组成表

附表 1　盐酸

HCl 质量分数/(%)	相对密度 d_4^{20}	100 mL 水溶液中含 HCl 克数/g	HCl 质量分数/(%)	相对密度 d_4^{20}	100 mL 水溶液中含 HCl 克数/g
1	1.003 2	1.003	22	1.108 3	24.38
2	1.008 2	2.006	24	1.118 7	26.85
4	1.018 1	4.007	26	1.129 0	29.35
6	1.0279	6.167	28	1.139 2	31.90
8	1.037 6	8.301	30	1.149 2	34.48
10	1.047 4	10.47	32	1.159 3	37.10
12	1.057 4	12.69	34	1.169 1	39.75
14	1.067 5	14.95	36	1.178 9	42.44
16	1.077 6	17.24	38	1.188 5	45.16
18	1.087 8	19.58	40	1.198 0	47.92
20	1.098 0	21.96			

附表 2　硫酸

H_2SO_4 质量分数/(%)	相对密度 d_4^{20}	100 mL 水溶液中含硫酸克数/g	H_2SO_4 质量分数/(%)	相对密度 d_4^{20}	100 mL 水溶液中含硫酸克数/g
1	1.005 1	1.005	65	1.553 3	101.0
2	1.011 8	2.024	70	1.610 5	112.7
3	1.018 4	3.055	75	1.669 2	125.2
4	1.025 0	4.100	80	1.727 2	138.2
5	1.031 7	5.159	85	1.778 6	151.2
10	1.066 1	10.66	90	1.814 4	163.3
15	1.102 0	16.53	91	1.819 5	165.6
20	1.139 4	22.79	92	1.824 0	167.8
25	1.178 3	29.46	93	1.827 9	170.2
30	1.218 5	36.56	94	1.831 2	172.1
35	1.259 9	44.10	95	1.833 7	174.2
40	1.302 8	52.11	96	1.835 5	176.2
45	1.347 6	60.64	97	1.836 4	178.1
50	1.395 1	69.76	98	1.836 1	179.9
55	1.445 3	79.49	99	1.834 2	181.6
60	1.498 3	89.90	100	1.830 5	183.1

附表 3 硝酸

HNO₃ 质量分数/(%)	相对密度 d_4^{20}	100 mL 水溶液中含硝酸克数/g	HNO₃ 质量分数/(%)	相对密度 d_4^{20}	100 mL 水溶液中含硝酸克数/g
1	1.003 6	1.004	65	1.391 3	90.43
2	1.009 1	2.018	70	1.413 4	98.94
3	1.014 6	3.044	75	1.433 7	107.5
4	1.020 1	4.080	80	1.452 1	116.2
5	1.025 6	5.128	85	1.468 6	124.8
10	1.054 3	10.54	90	1.482 6	133.4
15	1.084 2	16.26	91	1.485 0	135.1
20	1.115 0	22.30	92	1.487 3	136.8
25	1.146 9	28.67	93	1.489 2	138.5
30	1.180 0	35.40	94	1.491 2	140.2
35	1.214 0	42.49	95	1.493 2	141.9
40	1.246 3	49.85	96	1.495 2	143.5
45	1.278 3	57.52	97	1.497 4	145.2
50	1.310 0	65.50	98	1.500 8	147.1
55	1.339 3	73.66	99	1.505 6	149.1
60	1.366 7	82.00	100	1.512 9	151.3

附表 4 醋酸

CH₃COOH 质量分数/(%)	相对密度 d_4^{20}	100 mL 水溶液中含醋酸克数/g	CH₃COOH 质量分数/(%)	相对密度 d_4^{20}	100 mL 水溶液中含醋酸克数/g
1	0.999 6	0.999 6	65	1.066 6	69.33
2	1.001 2	2.002	70	1.068 5	74.80
3	1.002 5	3.008	75	1.068 5	80.22
4	1.004 0	4.016	80	1.070 0	85.60
5	1.005 5	5.028	85	1.068 9	90.86
10	1.012 5	10.13	90	1.066 1	95.95
15	1.019 5	15.29	91	1.065 2	96.93
20	1.026 3	20.53	92	1.064 3	97.92
25	1.032 6	25.82	93	1.063 2	98.88
30	1.038 4	31.15	94	1.061 9	99.82
35	1.043 8	36.53	95	1.060 5	100.7
40	1.048 8	41.95	96	1.058 8	101.6
45	1.053 4	47.40	97	1.057 0	102.5
50	1.057 5	52.88	98	1.054 9	103.4
55	1.061 1	58.36	99	1.052 4	104.2
60	1.064 2	63.85	100	1.049 8	105.0

附表 5 氢溴酸

HBr 质量分数/(%)	相对密度 d_4^{20}	100 mL 水溶液中含 HBr 克数/g	HBr 质量分数/(%)	相对密度 d_4^{20}	100 mL 水溶液中含 HBr 克数/g
10	1.072 3	10.7	45	1.444 6	65.0
20	1.157 9	23.2	50	1.517 3	75.8
30	1.258 0	37.7	55	1.595 3	87.7
35	1.315 0	46.0	60	1.678 7	100.7
40	1.377 2	56.1	65	1.767 5	114.9

附表 6 发烟硫酸

游离 SO_3 质量分数/(%)	相对密度 d_4^{20}	100 mL 水溶液中游离 SO_3 克数/g	游离 SO_3 质量分数/(%)	相对密度 d_4^{20}	100 mL 水溶液中游离 SO_3 克数/g
1.54	1.860	2.8	10.07	1.900	19.1
2.66	1.865	5.0	10.56	1.905	20.1
4.28	1.870	8.0	11.43	1.910	21.8
5.44	1.875	10.2	13.33	1.915	25.5
6.42	1.880	12.1	15.95	1.920	30.6
7.29	1.885	13.7	18.67	1.925	35.9
8.16	1.890	15.4	21.34	1.930	41.2
9.43	1.895	17.7	25.65	1.935	49.6

附表 7 氨水

NH_3 质量分数/(%)	相对密度 d_4^{20}	100 mL 水溶液中含 NH_3 克数/g	NH_3 质量分数/(%)	相对密度 d_4^{20}	100 mL 水溶液中含 NH_3 克数/g
1	0.993 9	9.94	16	0.936 2	149.8
2	0.989 5	19.79	18	0.929 5	167.3
4	0.981 1	39.24	20	0.922 9	184.6
6	0.973 0	58.38	22	0.916 4	201.6
8	0.965 1	77.21	24	0.910 1	218.4
10	0.957 5	95.75	26	0.904 0	235.0
12	0.950 1	114.0	28	0.898 0	251.4
14	0.943 0	132.0	30	0.892 0	267.6

附表 8 氢碘酸

HI 质量分数/(%)	相对密度 d_4^{20}	100 mL 水溶液中含 HI 克数/g	HI 质量分数/(%)	相对密度 d_4^{20}	100 mL 水溶液中含 HI 克数/g
20.77	1.157 8	24.4	56.78	1.699 8	96.6
31.77	1.296 2	41.2	61.97	1.821 8	112.8
42.7	1.448 9	61.9			

附表 9 氢氧化钠

NaOH 质量分数/(%)	相对密度 d_4^{20}	100 mL 水溶液中含 NaOH 克数/g	NaOH 质量分数/(%)	相对密度 d_4^{20}	100 mL 水溶液中含 NaOH 克数/g
1	1.009 5	1.010	26	1.284 8	33.40
2	1.020 7	2.041	28	1.306 4	36.58
4	1.042 8	4.171	30	1.327 9	39.84
6	1.064 8	6.389	32	1.349 0	43.17
8	1.086 9	8.695	34	1.369 6	46.57
10	1.108 9	11.09	36	1.390 0	50.04
12	1.130 9	13.57	38	1.410 1	53.58
14	1.153 0	16.14	40	1.430 0	57.20
16	1.175 1	18.80	42	1.449 4	60.87
18	1.197 2	21.55	44	1.468 5	64.61
20	1.219 1	24.38	46	1.487 3	68.42
22	1.241 1	27.30	48	1.506 5	72.31
24	1.262 9	30.31	50	1.525 3	76.27

附表 10 碳酸钠

Na$_2$CO$_3$ 质量分数/(%)	相对密度 d_4^{20}	100 mL 水溶液中含 Na$_2$CO$_3$ 克数/g	Na$_2$CO$_3$ 质量分数/(%)	相对密度 d_4^{20}	100 mL 水溶液中含 Na$_2$CO$_3$ 克数/g
1	1.008 6	1.009	12	1.124 4	13.49
2	1.019 0	2.038	14	1.146 3	16.05
4	1.039 8	4.159	16	1.168 2	18.50
6	1.060 6	6.364	18	1.190 5	21.33
8	1.081 6	8.653	20	1.213 2	24.26
10	1.102 9	11.03			

附表 11　氢氧化钾

KOH 质量分数/(%)	相对密度 d_4^{20}	100 mL 水溶液中含 KOH 克数/g	KOH 质量分数/(%)	相对密度 d_4^{20}	100 mL 水溶液中含 KOH 克数/g
1	1.008 3	1.008	28	1.269 5	35.55
2	1.017 5	2.035	30	1.290 5	38.72
4	1.035 9	4.144	32	1.311 7	41.97
6	1.054 4	6.326	34	1.333 1	45.33
8	1.073 0	8.584	36	1.354 9	48.78
10	1.091 8	10.92	38	1.376 5	52.32
12	1.110 8	13.33	40	1.399 1	55.96
14	1.129 9	15.82	42	1.421 5	59.70
16	1.149 3	19.70	44	1.444 3	63.55
18	1.168 8	21.04	46	1.467 3	67.50
20	1.188 4	23.77	48	1.490 7	71.55
22	1.208 3	26.58	50	1.514 3	75.72
24	1.228 5	29.48	52	1.538 2	79.99
26	1.248 9	32.47			

附表 12　常用的酸和碱

溶　液	相对密度 d_4^{20}	质量分数 (%)	$\dfrac{c}{mol \cdot L^{-1}}$	$\dfrac{\rho}{g \cdot mol^{-1}}$
浓盐酸	1.19	37	12.0	44.0
恒沸点盐酸(252 mL 浓盐酸＋200 mL 水),沸点 110℃	1.10	20.2	6.1	22.2
10％盐酸(100 mL 浓盐酸＋32 mL 水)	1.05	10	2.9	10.5
5％盐酸(50 mL 浓盐酸＋380.5 mL 水)	1.03	5	1.4	5.2
1 mol/L 盐酸(41.5 mL 浓盐酸稀释到 500 mL)	1.02	3.6	1	3.6
恒沸点氢溴酸(沸点 126℃)	1.49	47.5	8.8	70.7
恒沸点氢碘酸(沸点 127℃)	1.7	57	7.6	97
浓硫酸	1.84	96	18	177
10％硫酸(25 mL 浓硫酸＋398 mL 水)	1.07	10	1.1	10.7
0.5 mol/L 硫酸(13.9 mL 浓硫酸稀释到 500 mL)	1.03	4.7	0.5	4.9
浓硝酸	1.42	71	16	101
10％氢氧化钠	1.11	10	2.8	11.1
浓氨水	0.9	28.4	15	25.9

附表 13　常用的有机溶剂的沸点、相对密度表

名　称	沸点/℃	相对密度 d_4^{20}	名　称	沸点/℃	相对密度 d_4^{20}
甲醇	64.7	0.792	己烷	69	0.660
乙醇(95%)	78.2	0.816	环己烷	80.7	0.778
乙醇(无水)	78.5	0.789	戊烷	36.1	0.626
乙醚	34.6	0.713	异丙醇	82.5	0.785
乙酸	118	1.049	二甲基甲酰胺(DMF)	153	0.944
乙酸乙酯	77	0.902	四氢呋喃(THF)	66	0.889
氯仿	56.5	0.791	二氧六环	101	1.034
二氯甲烷	40	1.325	甲苯	110.6	0.866
四氯化碳	76.5	1.594	苯	80	0.879

附表 14　水的蒸气压力表(0～100℃)

温度/℃	p/mmHg*	温度/℃	p/mmHg	温度/℃	p/mmHg	温度/℃	p/mmHg
0	4.579	15	12.788	30	31.824	85	433.6
1	4.926	16	13.634	31	33.695	90	525.76
2	5.294	17	14.530	32	35.663	91	546.05
3	5.685	18	15.477	33	37.729	92	566.99
4	6.101	19	16.477	34	39.898	93	588.60
5	6.543	20	17.535	35	42.175	94	610.90
6	7.013	21	18.650	40	55.324	95	633.90
7	7.513	22	19.827	45	71.88	96	657.62
8	8.045	23	21.068	50	92.51	97	682.07
9	8.609	24	22.377	55	118.04	98	707.27
10	9.209	25	23.756	60	149.38	99	733.24
11	9.844	26	25.209	65	187.54	100	760.00
12	10.518	27	26.739	70	233.7		
13	11.231	28	28.349	75	289.1		
14	11.987	29	30.043	80	355.1		

注:1 mmHg=133.322 Pa。

二、常用有机溶剂的纯化

有机化学实验离不开溶剂,有机溶剂不仅作为反应介质,在产物的纯化和后处理中也经常使用。市售的有机溶剂有工业纯、化学纯和分析纯等各种规格,纯度愈高,价格愈贵。在有机合成中,常常根据反应的特点和要求,选用适当规格的溶剂,以便使反应能够顺利地进行而又符合经济节约的原则。某些有机反应(如 Grignard 反应等),对溶剂要求较高,即使有微量杂质或水分存在,也会对反应速率、产率和纯度带来一定的影响。由于有机合成中使用溶剂的量都比较大,若仅依靠购买市售纯品,不仅价格较高,有时也不一定能满足反应的要求,因此了解有机溶剂的性质及纯化方法,是十分必要的。有机溶剂的纯化是有机合成工作的一项基本操作,这里仅介绍市售的普通溶剂在实验室条件下常用的纯化方法。

1. 无水乙醚

沸点 34.51℃,$n_D^{20} = 1.352\,6$,$d_4^{20} = 0.713\,78$。

普通乙醚中常含有一定量的水、乙醇及少量的过氧化物等杂质,这对于要求以无水乙醚作溶剂的反应(如 Grignard 反应),不仅影响反应的进行,且易发生危险。制备无水乙醚时首先要检验有无过氧化物。为此取少量乙醚与等体积的 2% 碘化钾溶液,加入几滴稀盐酸一起振摇,若能使淀粉溶液呈紫色或蓝色,即证明有过氧化物存在。除去过氧化物可在分液漏斗中加入普通乙醚和相当于乙醚体积 1/5 的新配制硫酸亚铁溶液[1],剧烈摇动后分去水溶液。除去过氧化物后,按照下述操作进行精制。

在 250 mL 圆底烧瓶中加入 100 mL 除去过氧化物的普通乙醚和几粒沸石,装上冷凝管。冷凝管上端通过一带有侧槽的橡胶塞,插入盛有 10 mL 浓硫酸[2]的滴液漏斗。通入冷凝水,将浓硫酸慢慢滴入乙醚中,由于脱水作用产生的热,乙醚会自行沸腾。加完后摇动反应物。

待乙醚停止沸腾后,拆下冷凝管,改成蒸馏装置。在收集乙醚的接收瓶支管上连一氯化钙干燥管,并用与干燥管连接的橡胶管把乙醚蒸气导入水槽。加入沸石后,用事先准备好的水浴加热蒸馏。蒸馏速度不宜太快,以免乙醚蒸气冷凝不下来而逸散室内[3]。当收集到约 70 mL 乙醚,且蒸馏速度显著变慢时,即可停止蒸馏。瓶内所剩残液,倒入指定的回收瓶中,切不可将水加入残液中(为什么?)。

将蒸馏收集的乙醚倒入干燥的锥形瓶中,加入 1 g 钠屑或钠丝,然后用带有氯化钙干燥管的软木塞塞住,或在木塞中插入一末端拉成毛细管的玻璃管,这样可以防止潮气侵入并可使产生的气体逸出。放置 24 h 以上,使乙醚中残留的少量水和乙醇转化为氢氧化钠和乙醇钠。如不再有气泡逸出,同时钠的表面较好,则可储放备用。如放置后,金属钠表面已全部发生作用,需重新压入少量钠丝,放置至无气泡发生。这种无水乙醚可符合一般无水要求[4]。

注释

　　[1]硫酸亚铁溶液的配制。在 110 mL 水中加入 6 mL 浓硫酸,然后加入 60 g 硫酸亚铁。硫酸亚铁溶液久置后容易氧化变质,因此需在使用前临时配制。使用较纯的乙醚制取无水乙醚时,可免去硫酸亚铁溶液洗涤。

　　[2]也可在 100 mL 乙醚中加入 4~5 g 无水氯化钙代替浓硫酸作干燥剂;并在下步操作中用五氧化二磷代替金属钠而制得合格的无水乙醚。

　　[3]乙醚沸点低(34.51℃),极易挥发(20℃时蒸气压为 58.9 kPa),且蒸气比空气重(约为空气的 2.5 倍),容易聚集在桌面附近或低凹处。当空气中含有 1.85%~36.5% 的乙醚蒸气时,遇火即会发生燃烧爆炸。故在使用和蒸馏过程中,一定要谨慎小心,远离火源。尽量不让乙醚蒸气散发到空气中,以免造成意外。

［4］如需要更纯的乙醚,则在除去过氧化物后,应再用 0.5％高锰酸钾溶液与乙醚共振摇,使其中含有的醛类氧化成酸,然后依次用 5％氢氧化钠溶液、水洗涤。经干燥,蒸馏,再压入钠丝。

2.绝对乙醇

沸点 78.5℃,$n_D^{20} = 1.361\ 1$,$d_4^{20} = 0.789\ 3$。

市售的无水乙醇一般只能达到 99.5％的纯度,在许多反应中需用纯度更高的绝对乙醇,经常需自己制备。通常工业用的 95.5％的乙醇不能直接用蒸馏水法制取无水乙醇,因 95.5％乙醇和 4.5％的水形成恒沸点混合物。要将水除去,第一步是加入氧化钙(生石灰)煮沸回流,使乙醇中的水与生石灰作用生成氢氧化钙,然后再将无水乙醇蒸出。这样得到无水乙醇,纯度最高约 99.5％。纯度更高的无水乙醇可用金属镁或金属钠进行处理:

$$2C_2H_5OH + Mg \longrightarrow (C_2H_5O)_2Mg + H_2 \uparrow$$
$$(C_2H_5O)_2Mg + 2H_2O \longrightarrow 2C_2H_5OH + Mg(OH)_2$$
$$2C_2H_5OH + 2Na \longrightarrow 2C_2H_5ONa + H_2 \uparrow$$
$$C_2H_5ONa + H_2O \Longrightarrow C_2H_5OH + NaOH$$

(1)无水乙醇(含量 99.5％)的制备。在 500 mL 圆底烧瓶[1]中加入 200 mL 95％乙醇和 50 g 生石灰[2],用木塞塞紧瓶口,放置至下次实验[3]。

下次实验时,拔去木塞,装上回流冷凝管,其上端接一氯化钙干燥管,在水浴上回流加热 2～3 h,稍冷后取下冷凝管,改成蒸馏装置。蒸去前馏分后,用干燥的吸滤瓶或蒸馏瓶作接收器,其支管接一氯化钙干燥管,使与大气相通。用水浴加热,蒸馏至几乎无液滴馏出为止。称量无水乙醇的质量或量其体积,计算回收率。

(2)绝对乙醇(含量 99.5％)的制备。

1)用金属镁制取。在 250 mL 圆底烧瓶中加入 0.6 g 干燥纯净的镁条和 10 mL 99.5％乙醇,装上回流冷凝管,并在冷凝管上端附近加一只无水氯化钙干燥管。在沸水浴上或用火直接加热使达微沸,移去热源,立刻加入几粒碘片(此刻注意不要振荡),顷刻即在碘粒附近发生作用,最后可以达到相当剧烈的程度。有时作用太慢则需加热,如果在加碘之后,作用仍不开始,则可再加入数粒(一般来说,乙醇与镁的作用是缓慢的,如所用乙醇含水量超过 0.5％则作用尤其困难)。待全部镁已经作用完毕,加入 100 mL 99.5％乙醇和几粒沸石。回流 1h。蒸馏,产物收存于玻璃瓶中,用一橡胶塞或磨口塞塞住。

2)用金属钠制取。装置和操作同 1),在 250 mL 圆底烧瓶中加入 2 g 金属钠[4]和 100 mL 纯度至少为 99％的乙醇,加入几粒沸石。加热回流 30 min 后,加入 4 g 邻苯二甲酸二乙酯[5],再回流 10 min。取下冷凝管,改成蒸馏装置,按收集无水乙醇的要求进行蒸馏。产品储存于带有磨口塞或橡胶塞的容器中。

注释

［1］本实验中所用仪器均需彻底干燥。由于无水乙醇具有很强的吸水性,故操作过程中和存放时必须防止水分进入。

［2］一般用干燥剂干燥有机溶剂时,在蒸馏前必须先过滤除去。但氧化钙与乙醇中的水反应生成的氢氧化钙,因在加热时不分解,故可留在瓶中一起蒸馏。

［3］若不放置，可适当延长回流时间。

［4］金属钠的使用见第 3 章实验。

［5］加入邻苯二甲酸二乙酯的目的是利用它和氢氧化钠发生如下反应：

$$\text{—COOC}_2\text{H}_5 \longrightarrow \text{—COONa} + 2\text{C}_2\text{H}_5\text{OH}$$

因此消除了乙醇和氢氧化钠生成乙醇钠与水的作用，这样制得的乙醇可达到较高的纯度。

3.无水甲醇

沸点 64.96℃，$n_D^{20}=1.328\,8$，$d_4^{20}=0.791\,4$。

市售的甲醇是由合成而来，含水量为 0.5％～1％。由于甲醇和水不能形成共沸混合物，为此可借助高效的精馏柱将少量水除去。精制甲醇含有 0.02％的丙酮和 0.1％的水，一般已可应用。如要制得无水甲醇，可用镁的办法（见"无水乙醇"）。若含水量低于 0.1％，亦可用 3A 或 4A 型分子筛干燥。甲醇有毒，处理时应避免吸入其蒸气。

4.无水无噻吩苯

沸点 80.1℃，$n_D^{20}=1.501\,1$，$d_4^{20}=0.878\,65$。

普通苯含有少量的水（可达 0.02％），由煤焦油加工得来的苯含有少量的噻吩（沸点 84℃），不能用分馏或分步结晶等方法分离除去。为制得无水无噻吩的苯可采用下述方法。

在分液漏斗内将普通苯及相当苯体积 15％的浓硫酸一起摇荡，摇荡后将混合物静置，弃去底层的酸液，再加入新的浓硫酸，这样重复操作直至酸层呈现无色或淡黄色，且检验无噻吩为止。分去酸层，苯层依次用水、10％的碳酸钠溶液、水洗涤，用氯化钙干燥，蒸馏，收集 80℃的馏分。若要高度干燥，可加入钠丝（见"无水乙醚"）进一步去水。由石油加工得来的苯一般可省去除噻吩的步骤。

噻吩的检验：取 5 滴苯于试管中，加入 5 滴浓硫酸及 1～2 滴 1％ α，β-吲哚醌-浓硫酸溶液，振荡片刻。如呈墨绿色或蓝色，表示有噻吩存在。

苯是高毒性的化合物，操作需在通风橱进行，避免吸入其蒸气。

5.甲苯

沸点 110.2℃，$n_D^{20}=1.496\,93$，$d_4^{20}=0.866\,0$。

普通甲苯含少量的水，由煤焦油加工得来的甲苯还可能含有少量噻吩，可采用下列方法精制。

用无水氯化钙将甲苯进行干燥，过滤后加入少量金属钠片，再进行蒸馏，即得无水甲苯。

除去甲基噻吩是将 1 000 mL 甲苯加入 100 mL 浓硫酸，摇荡约 30 min（温度不要超过 30℃），除去酸层。然后再分别用水、10％碳酸钠溶液和水洗涤，以无水氯化钙干燥过夜，过滤后进行蒸馏，收集纯品。

6.丙酮

沸点 56.2℃，$n_D^{20}=1.358\,8$，$d_4^{20}=0.789\,9$。

普通丙酮中往往含有少量水及甲醇、乙醛等还原性杂质，可用下述方法精制。

(1)在 100 mL 丙酮中加入 0.5 g 高锰酸钾回流，以除去还原性杂质，若高锰酸钾紫色很快消失,需要补加少量高锰酸钾继续回流,直至紫色不再消失为止。蒸出丙酮,用无水碳酸钾或无水硫酸钙干燥,过滤,蒸馏收集 55~56.5℃ 的馏分。

(2)于 100 mL 丙酮中加入 4 mL 10% 硝酸银溶液及 35 mL 0.1 mol/L 氢氧化钠溶液,振荡 10 min,除去还原性杂质。过滤,滤液用无水硫酸钙干燥后,蒸馏收集 55~56.5℃ 的馏分。

7.乙酸乙酯

沸点 77.06℃,$n_D^{20}=1.372\ 3$,$d_4^{20}=0.900\ 3$。

市售的乙酸乙酯中含少量水、乙醇和乙酸,可采用下述方法精制。

(1)于 100 mL 乙酸乙酯中加入 10 mL 醋酸酐和一滴浓硫酸,加热回流 4 h,除去乙醇及水等杂质,然后进行分馏。馏液用 2~3 g 无水碳酸钾振荡干燥后蒸馏,最后产物的沸点为 77℃,纯度为 99.7%。

(2)将乙酸乙酯先用等体积 5% 碳酸钠溶液洗涤,再用饱和氯化钙溶液洗涤,然后用无水碳酸钾干燥后蒸馏。

8.二硫化碳

沸点 46.25℃,$n_D^{20}=1.631\ 89$,$d_4^{20}=1.266\ 1$。

二硫化碳为有较高毒性的液体(能使血液和神经中毒),它具有高度的挥发性和易燃性,所以使用时必须十分小心,避免吸入其蒸气。一般有机合成实验中对二硫化碳要求不高,可在普通二硫化碳中加入少量研碎的无水氯化钙,干燥后滤去干燥剂,然后在水浴中蒸馏收集。

若要制得较纯的二硫化碳,则需将试剂级的二硫化碳用 0.5% 高锰酸钾水溶液洗涤三次,除去硫化氢,再用汞不断振荡除去硫,最后用 2.5% 硫酸汞溶液洗涤,除去所有恶臭(剩余的硫化氢),再经氯化钙干燥,蒸馏收集。其纯化过程的反应式为

$$3H_2S+2KMnO_2 \longrightarrow 2MnO_2\downarrow+3S\downarrow+H_2O+2KOH$$

$$Hg+S \longrightarrow HgS\downarrow$$

$$HgSO_4+HS \longrightarrow HgS\downarrow+H_2SO_4$$

9.氯仿

沸点 61.7℃,$n_D^{20}=1.445\ 9$,$d_4^{20}=1.483\ 2$。

普通用的氯仿含有 1% 的乙醇,这是为了防止氯仿分解为有毒的光气,作为稳定剂加进去的。为了除去乙醇,可以将氯仿用一半体积的水振荡数次,然后分出下层氯仿,用无水氯化钙干燥数小时后蒸馏。

另一种精制方法是将氯仿与少量浓硫酸一起振荡两三次,每 100 mL 氯仿,用浓硫酸 5 mL。分去酸层以后的氯仿用水洗涤,干燥,然后蒸馏。除去乙醇的无水氯仿应保存于棕色瓶子里,并且不要见光,以免分解。

10.石油醚

石油醚为轻质石油产品,是级相对分子质量烃类(主要是戊烷和己烷)的混合物。其沸程为 30~150℃,收集的温度区间一般为 30℃ 左右,如有 30~60℃,60~90℃,90~120℃ 等沸程规格的石油醚。石油醚中含有少量不饱和烃,沸点与烷烃相近,用蒸馏法无法分离,必要时可用浓硫酸和高锰酸钾将其除去。通常将石油醚用其体积 1/10 的浓硫酸洗涤两三次,再用 10% 的硫酸加入高锰酸钾配成的饱和溶液洗涤,直至水层中的紫色不再消失为止,然后再用水

洗,经无水氯化钙干燥后蒸馏。如要绝对干燥的石油醚则加入钠丝(见"无水乙醚")。

11. 吡啶

沸点 115.5℃,$n_D^{20} = 1.509\ 5$,$d_4^{20} = 0.981\ 9$。

分析纯的吡啶含有少量水分,但已可供一般应用。如要制得无水吡啶,可与粒状氢氧化钾或氢氧化钠一同回流,然后隔绝潮气蒸出备用。干燥的吡啶吸水性很强,保存时应将容器口用石蜡封好。

12. N,N-二甲基甲酰胺

沸程 149~156℃,$n_D^{20} = 1.430\ 5$,$d_4^{20} = 0.948\ 7$。

N,N-二甲基甲酰胺含有少量水分,在常压蒸馏时有些分解,产生二甲胺与一氧化碳。当有酸或碱存在时,分解加快,所以在加入固体氢氧化钾或氢氧化钠在室温放置数小时后,即有部分分解。因此,最好用硫酸钙、硫酸镁、氧化钡、硅胶或分子筛干燥,然后减压蒸馏,收集 76℃/4.79 kPa(36 mmHg)的馏分。如其中含水较多,可加入 1/10 体积的苯,在常压及 80℃以下蒸去水和苯,然后用硫酸镁或氧化钡干燥,再进行减压蒸馏。

N,N-二甲基甲酰胺中如有游离胺存在,可用 2,4-二硝基氟苯产生颜色来检查。

13. 四氢呋喃

沸点 67℃,$n_D^{20} = 1.405\ 0$,$d_4^{20} = 0.889\ 2$。

四氢呋喃系具乙醚气味的无色透明液体,市售的四氢呋喃常含有少量水分及过氧化物。如要制得无水四氢呋喃可与氢化锂铝在隔绝潮气下回流(通常 1 000 mL 需 2~4 g 氢化锂铝)除去其中的水和过氧化物,然后在常压下蒸馏,收集 66℃的馏分。精制后的液体应在氮气氛中保存,如需较久放置,应加 0.025% 2,6-二叔丁基-4-甲基苯酚作抗氧剂。处理四氢呋喃时,应先用小量进行实验,以确定只有少量水和过氧化物,作用不致过于猛烈时,方可进行。

四氢呋喃中的过氧化物可用酸化的碘化钾溶液来实验。如过氧化物较多,可用硫酸亚铁溶液除去。

14. 二甲亚砜

沸点 189℃(mp 18.5℃),$n_D^{20} = 1.478\ 3$,$d_4^{20} = 1.095\ 4$。

二甲亚砜为无色、无嗅、微带苦味的吸湿性液体。常压下加热至沸腾可部分分解。市售试剂级二甲亚砜含水量约为 1%,通常先减压蒸馏,然后用 4A 型分子筛干燥,或用氢化钙搅拌 4~8 h,再减压蒸馏收集 64~65℃/533 Pa(4 mmHg)馏分。蒸馏时温度不宜高于 90℃,否则会发生歧化反应生成二甲砜和二甲硫醚。二甲亚砜与某些物质混合时可能发生爆炸,如氢化钠、高碘酸或高氯酸镁等,应予以注意。

15. 二氧六环

沸点 101.52℃(mp 12℃),$n_D^{20} = 1.422\ 4$,$d_4^{20} = 1.033\ 6$。

二氧六环与醚相似,可与水以任意比混合。普通二氧六环中含有少量二乙醇缩醛与水,久贮的二氧六环还可能含有过氧化物。

二氧六环的纯化,一般加入 10% 质量的浓盐酸与之回流 3 h,同时慢慢通入氮气,以除去生成的乙醛,冷至室温,加入粒状氢氧化钾直至不再溶解。然后分去水层,用粒状氢氧化钾干燥过夜后,再加金属钠加热回流数小时,蒸馏后压入钠丝保存。

16. 1,2-二氯乙烷

沸点 83.4℃，$n_D^{20} = 1.444\ 8$，$d_4^{20} = 1.253\ 1$。

1,2-二氯乙烷为无色油状液体，有芳香味，溶于 120 份水中，可与水形成恒沸混合物，沸点 72℃，其中含 81.5% 的 1,2-二氯乙烷。可与乙醇、乙醚、氯仿等混溶。在结晶和提取时是极有用的溶剂，比常用的含氯有机溶剂更为活泼。

一般纯化可依次用浓硫酸、水、稀碱溶液和水洗涤，用无水氯化钙干燥或加入五氧化二磷分馏即可。

17. 正己烷

沸点 68.7℃，$n_D^{20} = 1.375\ 1$，$d_4^{20} = 0.66$。

正己烷来自石油的精密分馏产品，往往含有不饱和烃和苯等杂质，故先用高锰酸钾溶液洗至紫色不变以除去不饱和烃类；第二步用含 20%～30% SO_3 的发烟硫酸洗至酸层不变颜色以洗去苯。分去酸层后，用水洗去残留酸，再用 5%～10% NaOH（或 Na_2CO_3）洗至酚酞呈粉红色，加无水氯化钙干燥。过滤后用金属钠进一步脱水保护。使用前蒸馏，收集所需馏分。

三、危险化学品试剂的使用和保存

化学工作者每天要接触各种化学药品，因为很多化学药品是剧毒、可燃和易爆炸的，所以必须正确使用和保管，应严格遵守操作规程，方可避免事故发生。

根据常用的一些化学药品的危险性质，可以将其大致分为易燃品、易爆品和有毒品三类，现分析如下。

1. 易燃化学药品

易燃化学药品的分类见附表 15。

附表 15　易燃化学药品

分　类	举　例
可燃气体	煤气、氢气、硫化氢、二氧化硫、甲烷、乙烷、乙烯、氯甲烷等
易燃液体	石油醚、汽油、苯甲、苯、二甲苯、乙醚、二氧化碳、甲醇、乙醇、乙醛、丙酮、乙酸乙酯、苯胺等
易燃固体	红磷、萘、镁、铝等
自燃物质	黄磷等

实验室保存和使用易燃、有毒药品应注意以下几点。

(1)实验室不要保存大量易燃溶剂，少量的也需密封，切不可放在开口容器内，需放在阴凉背光和通风处，远离火源，不能接近电源及暖气等。腐蚀橡皮的药品不能用橡皮塞。

(2)蒸馏、回流易燃液体时，不能直接用火加热，必须用水浴、抽浴或加热套。

(3)易燃蒸气密度大多比空气小，能在工作台面流动，故即使在较远处的火焰也能使其着火，尤其处理较大量乙醚时，必须在没有火源且通风的实验室进行。

(4)用过的溶剂不得倒入下水道中，必须设法回收。含有机溶剂的滤渣不能丢入敞口的废物缸内，燃着的火柴头不能丢入废物缸内。

(5)某些易燃物质(如黄磷)在空气中能自燃,必须保存在盛水玻璃瓶中,绝不能直接放在金属筒中,以免腐蚀。自水中取出后立即使用,不得露置在空气中过久。用过后必须采取适当方式销毁残余部分,并仔细检查有没有散失在桌面或地面上。

2.易爆化学药品

某些以较高速率进行的放热反应,因生成大量气体会引起爆炸并伴随燃烧,一般来说,易爆物质的化学结构中,大多是含有以下基团的物质,见附表16。

附表 16　易爆化学药品

易爆物质中常见的基团	易爆物质举例	易爆物质中常见的基团	易爆物质举例
—O—O—	臭氧,过氧化物	—N≡N—	重氮及叠氮化合物
—O—ClO₂	氯酸盐,高氯酸盐	—ON≡C	雷酸盐
≡N—Cl	氮的氯化物	—NO₂	硝基化合物
—N=O	亚硝基化合物	—C≡C—	乙炔化合物

(1)能自行爆炸的化学药品:如高氯酸铵、硝酸铵、浓高氯酸、雷酸汞、三硝基甲苯等。

(2)能混合发生爆炸的药品:①高氯酸+酒精或其他有机物;②高锰酸钾+甘油或其他有机物;③高锰酸钾+硫酸或硫;④硝酸+镁或碘化氢;⑤硝酸铵+脂类或其他有机物;⑥硝酸铵+锌粉+水滴;⑦硝酸盐+氯化亚锡;⑧过氧化物+铝+水;⑨硫+氧化汞;⑩金属钠或钾。

此外,氧化物与有机物接触,极易引起爆炸。在用到浓硝酸、高氯酸、过氧化氢等时,应特别注意。使用可能发生爆炸的化学药品时应注意以下几点:

1)必须做好个人防护,戴面罩或防护眼镜,并在通风橱中进行操作;

2)要设法减少药品用量或浓度,进行少量实验;

3)平时危险药品要妥善保存,如苦味酸需存在水中,某些过氧化物必须加水保存;

4)易爆炸残渣必须妥善处理,不能随意乱丢。

3.有毒化学药品

我们日常接触的化学药品中,少数是剧毒药品,使用时必须十分谨慎;许多药品是经长期接触或接触量过大,产生急性或慢性中毒。但只要掌握使用毒品的规则和防范措施,即可避免或把中毒的机会减少到最低程度。以下对毒品进行分类介绍,以加强防护措施,避免药品对人体的伤害。

(1)有毒气体。溴、氯、氟、氢氰酸、氟化物、溴化物、氯化物、二氧化硫、硫化氢、光气、氨、一氧化碳等均为窒息或具刺激性气体。在使用以上气体进行实验时,应在通风良好的通风橱中进行,并设法吸收有毒气体,减少环境污染。如遇大量有毒气体逸散室内,应关闭气体发生装置,迅速停止实验,关闭火源、电源,离开现场。如发生中毒事故,应视情况及时采取措施,妥善处理。

(2)强酸或强碱。硝酸、硫酸、盐酸、氢氧化钠、氢氧化钾均刺激皮肤,有腐蚀作用,造成化学烧伤。吸入强酸烟雾,会刺激呼吸道,使用时须加倍小心,严格按照操作过程进行。

取碱时必须带防护眼镜及手套。配置碱液时,应在烧杯中进行,不能在小口瓶或量筒中进行,以防容器受热破裂造成事故。开启氨水瓶时,必须事先冷却,瓶口朝无人处,最好在通风橱中进行。

如遇皮肤或眼睛受伤,应迅速冲洗。如果被酸损伤,立即用 3% 碳酸氢钠冲洗;如果被碱损伤,立即用 1%～2% 醋酸冲洗,眼睛则用饱和硼酸溶液冲洗。

(3)无机药品。

1)氰化物及氢氰酸。毒性极强,致毒作用极快,空气中氰化氢含量达到万分之三,即可在数分钟之内致人死亡;内服少量氰化物,亦可很快中毒死亡。取用时必须特别注意,氰化物必须密封保存。

氰化物有严格的领用保管制度,取用时必须戴厚口罩、防护眼镜及手套,手上有伤口时不得进行该项实验。使用过的仪器、桌面均亲自收拾,用水冲净,手及脸亦应仔细洗净。氰化物的销毁方式是使其与亚铁盐在碱性介质中作用生成亚铁氰盐酸。

2)汞。在室温下即能蒸发,毒性极强,能致急性中毒或慢性中毒。使用时需注意室内通风;提纯或进行处理时需在通风橱中进行。

当有汞洒落时,要用滴管收起,分散的小颗粒也要尽量聚拢收集,然后再用硫磺粉、锌粉或三氯化铁溶液清除。

3)溴。溴液可致皮肤烧伤,其蒸气刺激黏膜,甚至使眼睛失明。使用时应在通风橱内进行。当溴液洒落时,要立即用沙掩埋。如皮肤烧伤,应立即用稀乙醇洗或甘油按摩,然后涂以硼酸凡士林软膏。

4)黄磷。极毒,切不能用手直接取用,否则引起严重持久烫伤。

(4)有机药品。

1)有机溶剂。有机溶剂大多为脂溶性液体,对皮肤黏膜有刺激作用。例如,苯不但刺激皮肤,易引起顽固湿疹,对造血系统及中枢神经均有严重损害;甲醇对视觉神经有害。在条件允许的情况下,最好用毒性较低的石油醚、醚、丙酮、二甲苯代替二硫化碳、苯和氯代烷类。

2)芳香硝基化合物。化合物中硝基愈多,毒性就愈大,在硝基化合物中增加氯原子,亦可增加毒性。这类化合物的特点是能迅速被皮肤吸收,中毒后引起严重贫血及黄病,刺激皮肤引起湿疹。

3)苯酚。苯酚能够烧伤皮肤,引起坏死或皮炎,皮肤被沾染应立即用温水及稀乙醇清洗。

4)致癌物。国际癌症研究机构(IARC)1994 年公布了对人体肯定有致癌作用的几十种化学物质,其中主要有多环芳烃类、芳香胺类、氨基偶氮染料类、天然致癌物等,如 3,4-苯并芘、1,2,5,6-二苯并蒽、2-萘胺、亚硝基二甲胺、联苯胺、4-二甲氨基偶氮苯、煤焦油、硫酸二甲酯、黄曲霉素等。

参 考 文 献

[1]　王兴勇,尹文萱,高宏峰.有机化学实验[M].北京:科学出版社,2004.

[2]　唐玉海.有机化学实验[M].北京:高等教育出版社,2010.

[3]　武汉大学化学与分子科学学院实验中心.有机化学实验[M].武汉:武汉大学出版社,2006.

[4]　周志高,初玉霞.有机化学实验[M].北京:化学工业出版社,2006.

[5]　崔玉.有机化学实验[M]北京:科学出版社,2009.

[6]　李明,刘永军,王书文,等.有机化学实验[M].北京:科学出版社,2010.

[7]　兰州大学.有机化学实验[M].3版.北京:高等教育出版社,2010.

[8]　周科衍,高占先.有机化学实验[M].3版.北京:高等教育出版社,1996.

[9]　曾昭琼.有机化学实验[M].3版.北京:高等教育出版社,2000.

[10]　关烨弟.有机化学实验[M].2版.北京:北京大学出版社,2002.

[11]　李吉海.基础化学实验(Ⅱ)——有机化学实验[M].北京:化学工业出版社,2003.

[12]　徐雅琴,杨玲,王春.有机化学实验[M].北京:化学工业出版社,2010.

[13]　孟晓荣,史玲.有机化学实验[M].北京:科学出版社,2013.

[14]　朱卫国,罗虹.有机化学实验[M].湘潭:湘潭大学出版社,2010.

[15]　焦家俊.有机化学实验[M].2版.上海:上海交通大学出版社,2010.

[16]　查正根.有机化学实验[M].合肥:中国科学技术大学出版社,2010.

[17]　吴晓艺.有机化学实验[M].北京:清华大学出版社,2012.